KB125153

땅은 잘못 없다

신민재 건축가의
얇은 집 탐사

땅은 잘못 없다

초판 1쇄 펴낸날 2022년 10월 10일
지은이 신민재
펴낸이 이상희
펴낸곳 도서출판 집
디자인 로컬앤드

출판등록 2013년 5월 7일
주소 서울 종로구 사직로8길 15-2 4층
전화 02-6052-7013
팩스 02-6499-3049
이메일 zippub@naver.com

ISBN 979-11-88679-16-4 03540

땅은 잘못 없다

신민재 건축가의
얇은 집 탐사

신민재
지음

집

책을 내면서

《여우와 두루미》. 이솝우화에 등장하는 여우와 두루미는 자신에겐 편하고 익숙하지만 상대방에게는 먹기 어렵고 불편한 그릇에 식사대접을 하면서 서로 골탕을 먹인다. 두루미에게 납작한 접시에 스프를 담아 내놓은 여우! 여우에게 목이 긴 병에 스프를 담아 내놓은 두루미! 납작한 그릇은 여우에게 적합하고, 목이 긴 병은 두루미에게 적합하지만 여우와 두루미는 그렇게 하지 않았고 최악의 결과를 초래했다.

이 이야기에 등장하는 납작한 그릇이나 목이 긴 병은 건축계획을 하는 내게는 특징 있는 땅, 특성 있는 재료처럼 느껴진다. 어떤 땅은 평평하고 반듯하지만, 어떤 땅은 들쭉날쭉하거나 경사가 심하다. 평평하고 반듯한 땅이 건축계획을 하기에 무난하겠지만 항상 그런 것만은 아니다. 마찬가지로 들쭉날쭉하거나 경사가 심한 땅이라고 하더라도 그 땅에 적합한 프로그램을 만들고 땅에 맞춤해 계획을 잘 세운다면 오히려 개성 있는 좋은 결과물을 만들어낼 수 있다. 재료도 마찬가지다. 재료의 강도가 높은 콘크리트 건물이 천년만년 오래도록 튼튼할 것 같지만 꼭 그렇지만은 않다는 걸 안다. 내가 어릴 시절을 보낸 아파트들이 하나도 남아있지 않은 것만 봐도 알 수 있다.

납작한 그릇과 목이 긴 병이 무슨 잘못을 했겠는가? 특징과 성격에 맞는 사용처를 찾지 못하거나 제대로 사용하지 못한 사용자의 선택에 문제가 있는 거지. 이런 생각을 가지고 있어서일까? 프로젝트를 진행하면서 땅이 가지고 있는 특성을 단점으로 이해하고 문제 있는 땅처럼 이야기하는 것을 들으면 속상한 맘이 먼저 든다. 소유 관계나 경계 분쟁의 문제도 결국 사람의 문제이지 않은가? 땅은 본래 그런 모습인데…. 본래 모습과 무관하게 사람이 필요로 하는 것만 생각하면 그 땅이 못마땅해질 수밖에 없다. 결국 사람의 마음이 문제다.

그래서일까? 일반적인 조건과 비교해서 특이한 땅을 마주하게 되면, 개성 있고 땅의 성격에 맞는 건축계획을 찾아야 겠다는 생각에 가슴이 두근거린다. 한편으론 땅의 특성과 무관하게 건축물이 갖춰야 할 조건들을 땅에게 요구해야만하는 현실적 상황에 마음이 편하지 않기도 하다.

도시를 걷다보면 특이한 조건의 땅에 균형있게 자리잡고 있는 건축물을 수없이 만나게 된다. 크기가 작은 땅에 지은 작은 건물, 뾰족한 땅에 자리한 날카로운 건물, 땅과 땅 사이에 비집고 들어간 얇은 건물, 개발에 밀려 잘려나간 상처를 입은 채 서 있는 건물, 고쳐 짓고 고쳐지어 처음 모습은 상상할 수 없을 정도로 변신한 건물, 도로가 생기면서 건물의 앞뒤가 바뀐 건물…. 정말 특별한 건물들이다. 그냥 지나칠 수도 있겠지만 변화의 상황마다 번득이는 아이디어를 내고 유지하겠다는 강한 의지를 드러낸 것이 보여 그냥 지나칠 수 없다. 심지어 경이로움과 존경심이 들기도 한다. 내가 느끼는 감정까지는 아니더라도 못난 땅이라고 땅을 탓하기보다는 땅이 처한 상황과 조건을 살펴보고 땅을 이해해주기를 바라는 마음이 크다는 이야기를 하고 싶었다.

나는 왜 이런 땅과 건축물에 관심을 갖는 것일까?

1976년생인 나는 1970~80년대 고도성장기에 유년기를 보냈다. 내가 놀며 자란 아파트는 지금 남아있는 것이 없다. 안양 비산동 주공아파트, 과천 2단지 아파트, 영동 차관아파트. 모두 흔적을 찾을 수 없다. 새로운 아파트로 재건축하는 것이 경제적인 측면에서 합리적일 수는 있겠다. 그럼에도 내 정체성과 도시의 정체성을 생각하면 나와 내가 살고 있는 도시에 어떤 일이 있었는지 이해하고 싶다. 그래서 시간의 축이 서로 겹쳐지는 경계나 흔적을 발견하는 순간이 그리도 흥미로웠나 보다. 도시의 정체성은 시민의 정체성으로 이어지고 결국 내 정체성도 돌아 볼 수 있게 해주는 것 아닌가.

기능적이고 효율적이고 이상적인 계획을 실현하려는 근대도시이론과 근대건축이론은 나름의 가치를 가지면서도 한계를 갖는다. 내가 유년시절을 보냈지만, 지금은 흔적도 없이 사라진 아파트 단지들이 이러한 한계를 보여주는 단편이 아닐까? 근대도시와 근대건축의 위기는 도시와 건축을 표준화하며 개선하려는 것과 관련이 있다고 생각한다. 근대이후 우리는 차이의 가치와 경험의 가치를 존중하며 표준화의 가치와 함께 다양성의 균형을 갖추어야 할 것이다. 그런 점에서 유토피아와 전통, 어느 한쪽에 치우치지 않고 이중성과 균형을 갖는 콜라주 같은 사회, 도시의 모습이 우리에게 필요하지 않을까? 콜린 로우(Colin Rowe)가 《콜라주 시티(Collage City)》에서 이야기했던 것처럼 말이다. 이런 관점에서 이상적이고 표준화를 지향했던 시기에서 살아남은 이런 땅과 건축물들이 유년시절 공간을 상실한 나에게 더 의미있게 다가왔는지 모르겠다.

개발과 흔적의 경계에서 인상적인 땅과 그 땅에 자리잡고 있는 건축물을 하나씩 SNS에 소개하기 시작했다. 이런 땅과 건축물을 분류할 용어가 마땅치 않아서 처음 보았을 때 느낀 감정 그대로 '뜨아~'라는 이름을 붙였다. 내가 느낀 놀라움과 흥미로운 감정을 공감해주시는 분도 계셨고, 각자 보았던 비슷한 땅과 건축물을 '뜨아~'로 제보해 주시기도 했다. 공감과 함께 도시의 일상공간에서 이런 땅과 건축물을 찾는 눈썰미를 격려받고나니 나도 신이 났나보다. 지난 3년간 80여 개의 뜨아를 포스팅하고, 아직 답사하지 못한 것도 40여 개가 쌓여있다. 서울뿐만 아니다. 경기도 하남시, 고양시, 남양주시를 비롯해 부산, 전주, 울산, 대전 그리고 제주에서까지 제보가 이어졌다.

많은 분의 공감과 제보에 힘 입어 일부를 책으로 정리할 기회를 얻게 되었다. 책으로 정리하는 과정은 흥미로운 건축물을 찾는 놀이에서 '나는 왜 이런 놀이를 좋아하는가?'를 찾는 또 다른 여정이었다. 1년여 동안 내 호기심의 사회적 배경과 도시적 배경을 찾아보고 원인과 시점을 확인했다. 전문 연구자의 시선이 아닌 건축 설계자로서의 시선에 집중했다. 관심만으로 출발했기에 한계가 느껴지기도 했다. 우리는 같은 사회에서 같은 시대를 살아낸 같은 세대라는 공통점이 있다는 데 용기를 내었다. '콜라주 시티'가 유토피아와 전통의 경계에 있는 것처럼 건축가로서 나만의 시점으로 바라본 호기심과 생각이 공감을 얻을 수 있지 않을까? 조심스럽게 생각하며 원고를 마무리했다.

건축과 사회에 대해 비판적 시선과 관찰을 강조하시면서 지도해주신

서현 선생님께 감사를 드린다. 서촌에 정착하고 건축가로 활동하며 다양한 호기심과 관찰을 기록할 때 격려와 조언으로 큰 힘을 주신 황두진 선생님 그리고 건축가로서 도시와 건축 그리고 삶을 관찰하며 기록하는 활동을 실천으로 보여주신 임형남 선생님과 우대성 선생님께 고마움을 전하고 싶다. SNS에서 관심과 참여해주신 모든 분께도 '좋아요'를 누른다. 이 책은 이 도시를 살아가고 있는 우리가 함께 기록한 것이라고 생각한다.

2022년 8월

옥인동에서

차례

도로가 남긴 상처

택지개발의 흔적이 남은 자투리땅

물길의 흔적

큰 시설의 경계에 남은 땅

1 필운대로 35(누하동 191)

2 수색로 260-1(수색동 369-1)

3 새문안로5길 7-1(당주동 37-3)
새문안로5길 14-1(당주동 44-3)

4 만리재로35길 47-1(중림동 332)

5 독막로 107(상수동 140-3)
독막로 104(상수동 153-4)
독막로 67(상수동 317-6)
독막로 61(상수동 318-5)
독막로 62(상수동 319-1)
독막로 70(상수동 323-1)
와우산로 24(상수동 330-12)

6 돈화문로11길 9(돈의동 62)
서순라길 21(봉익동 60)

7 천호옛길 98(성내동 50-5)
천호대로158길 14(성내동 50-25)
천호옛14길 14(성내동 33-1)

옛길의 흔적

서촌의 불사조

종로구 필운대로 35
(누하동 191)

1999년 경복궁 서쪽의 오래된 동네 서촌 주택가를 왕복 2차선 도로가 관통하며 개통된다. 남쪽으로 사직단 옆에서 시작되는 이 길은 통인시장 서문 옆을 지나 북으로 올라가며 서촌을 관통한다. 그리고 국립서울맹학교 앞에서 동쪽으로 방향을 돌려 자하문로와 만난다. 도로의 이름은 필운대로.

필운대로라는 이름은 배화여자고등학교 뒤뜰의 큰 바위에 새겨 있는 '필운대'라는 글자에서 따왔다고 한다. 관련한 유명한 일화가 있다. 어릴 적 위인전에서 한번쯤은 읽었을 이야기이다.

이야기는 한 소년의 집 감나무가 높은 분이 살고 있는 옆집으로 가지를 뻗고 그 가지에 감이 열리면서 시작된다. 그 가지에 열린 감을 따지 못하게 방해하는 옆집 하인들의 행실을 괘씸하게 생각한 소년은 옆집을 찾아가 대감이 계신 방의 문 창호지를 뚫고 손을 집어넣는다. 그러곤 방문을 뚫고 들어간 손이 나의 것인지 대감의 것인지 묻는다. 이 당찬 소년은 훗날 대감의 손녀사위가 되어 그 집을 물려받았다. 이 소년이 오성과 한음의 오성 이항복이다. 옆집의 높은 분은 행주대첩의 명장 권율 장군의 아버지, 영의정 권철이다. 훗날 이 집을 물려받은 이항복은 자신의 호를 '필운(弼雲)'이라 하고, 이 집 뒤에 있는 너른바위에 '필운대(弼雲臺)'라는 이름을 새겼다.

'필운대'는 바위 글씨이지만 '필운대로'는 자동차 통행을 위한 도로이니 집과 골목의 형태를 살펴가며 계획하기 어려웠을 것이다. 효율적인 직선 형태로 계획하고 도로가 지나는 자리의 땅은 분할해 도로로 편입시켰다. 그러다 보니 도로 주변에 잘리고 남은 이형의 땅이 생겼다. 도로에 편입되지 못한 이 이형의 땅은 보상금을 받지 못한 채 자투리로 남았다. 이러지도 저러지도 못하는 계륵 같은 땅, 서촌

사직로와 연결되어 서촌을 관통하는 현재의 필운대로에는 1990년대까지 한옥과 좁은 골목이 있었다.

의 자투리땅은 이렇게 만들어졌다.

필운대로의 자투리땅

필운대로가 만들어지면서 필운대로와 600년 넘은 골목(필운대로 5가길) 사이에 길고 뾰족한 삼각형 모양 땅이 생겼다. 대지면적 40.6㎡. 주차구획 하나 만들면 건물로 사용할 공간이 남지 않을 크기이다. 계단이나 엘리베이터를 넣어도 사용할 공간이 남지 않는다.

이 땅에 어떤 일이 있었을까?

건축물의 생애 이력서인 건축물대장을 열람했다. 첫 줄은 1999년 6월 28일의 기록으로 '1999.6.25. 사용 승인되어 신규 작성(용도변경, 대수선)-변동내역: 36.40㎡를 주택에서 근생(소매점)으로 변경'으로 되어 있다. '사용 승인'되었다는 것은 건축행위를 한 후 관청으로부터 사용

필운대로 개통으로 필운대로 35의 일부가 도로에 편입되지 못한 채 자투리땅으로 남게 되었다.

해도 된다는 승인을 받았다는 것이다. 그런데 신축이 아닌 '용도변경', '대수선'이라고 기록되어 있는 게 흥미롭다. 1999년 필운대로가 개통되었으니 그 이전부터 필지를 분할하고 건물을 철거하는 공사를 했을 것이다. 필운대로35(누하동 191)도 그 자리에 있던 건물을 철거해야 하는 상황이었을 텐데 건물을 모두 철거하기에는 도로에 포함되지 않고 남는 부분이 그럭저럭 쓸 만하다고 보였을까? 건축물대장의 기록으로 추측해보면 도로에 포함되는 부분만 철거하고 남은 부분(36.4㎡)을 주택에서 소매점으로 용도 변경하는 대수선 공사를 한 것 같다. 주택이었던 건물을 부분 철거하고 남은 건물을 소매점으로 용도 변경하는 방법으로 기존 건물을 활용한 것이다.

1999년에 어떤 소매점이 있었는지 확인할 수 없었지만, 2008년 로드뷰에서 '동광'이라는 상호의 보일러 가게를 확인할 수 있다. 2009년

CAFE
NuHA
191
필운대로
Pirundae-ro

에는 '운동화 손세탁 이불' 가게였다. 건축물대장에는 2012년 5월 9일 소매점을 세탁소로 표시 변경한 기록이 있는데, 영업 시점과 건축물대장 변경 시점에 차이가 있었던 것으로 생각된다. 2012년 소유권의 일부가 변경되면서 토지와 건축물의 정확한 형태와 크기를 확인한 것 같다. 건축물대장의 2013년 7월 11일 변동사항으로 지적현황측량에 따라서 건축물의 연면적이 36.4㎡에서 31.22㎡로 축소된다. 소유권 이전 과정에서 옛 건물주와 새 건물주의 신경전이 느껴진다. 현황측량은 증축을 하기 위한 준비였던 것 같다. 새 건물주는 1층 31.22㎡ 위에 2층 15.39㎡를 증축하고, 2014년 4월 24일 증축 신고와 함께 일반음식점으로 용도변경을 마친다. 이때 현재와 같은 모습을 갖추게 된다. 2012년 서촌에서는 옥인 시범아파트가 철거되고 수성동 계곡이 복원되었다. 새 건축주는 이런 서촌의 변화를 읽은 것일까? 적어도 도로가 생기면서 잘려나간 이 이형의 땅과 건물에서 쓸모를 읽어낸 것은 분명하다.

작은 카페, 누하 191

2014년 증축과 용도변경을 한 이 건축물에서 '카페 누하 191'이 영업을 시작한다. 필운대로에 접한 주 출입구에는 옆으로 미는 방식의 미닫이문을 달았다. 밖은 보도로 사람들이 지나다니고 실내는 좁아 문을 열 수 있는 공간이 없으니 미닫이문을 설치할 수밖에 없었을 것이다. 필운대로에 접한 다른 두 곳의 개구부에는 접어서 개방할 수 있는 폴딩도어 창이 있다. 하지만 이 창이 열려 있는 모습은 좀처럼 보지 못했다. 주방에 면한 창은 주문한 음료를 필운대로에서 바로 받아갈 수 있도록 열어두고 있다. 반대쪽 옛 골목인 필운대로5가에도 작은 보조 출입구가 있다. 필운대로 쪽 출입문과 마주보고 있어서 양쪽 문을 열어두면 건물을 관통할 수 있는 구조다. 중앙의 출입구 공간을 사이에 두고, 뾰족하고 좁은 남쪽 영역에는 커피를 내리거나 간단한 조리를 할 수 있는 주방이 있다. 반대쪽에는 작은 테이블이 4개 놓여 있다. 필운대로 쪽 2개의 테이블은 폴딩도어 창 옆에 있고, 옛 골목 쪽에 놓인 2개의 테이블에서는 작은 창으로 골목 풍경과 작은 화단을 볼 수 있다. 2층으로 오르는 계단은 2014년 증축 때 만들어진 것이다. 철재로 만들어진 이 계단은 폭이 좁고 경사가 가파르다. 조심해서 한 걸음 한 걸음 올라가야 한다. 2층은 1층의 절반 정도 크기인데, 남쪽과 북쪽에서 외부공간을 접하고 있다.

서촌의 변곡점

서촌의 도시조직은 오랜 기간 큰 변화가 없었지만 1999년 필운대로 개통과 2012년 수성동 계곡 복원이 큰 변화였다고 생각한다. 필운대로 35에 있는 건물은 1999년 필운대로 확장으로 일부가 철거되면서 주택에서 소매점으로 다시 태어났고, 2012년 증축과 용도변경을 통해 전혀 새로운 건물로 환골탈태했다. 아마도 서촌 변화의 영향을 가장 많이 받은 건물이 아닐까 싶다. 끝끝내 살아남은 서촌의 불사조다.

20세기
서울의 그림자

은평구 수색로 260-1
(수색동 369-1)

디지털미디어시티역에서 환승하려고 버스에서 내렸다가 눈을 의심케 하는 독특한 건물과 마주쳤다. 대로를 향해 얇은 모서리를 내밀고 있는 수색로 260-1(수색동 369-1)의 대림모텔 건물이다. 대로변에서 건물의 모서리만 보이는 이 건물은 마치 도끼날을 세워둔 것처럼 생겼다. 독특한 입지에 독특한 형태였다. 2층으로 오르는 모서리의 계단은 개미 핥기나 뱀이 혀를 낼름거리는 것처럼 보였다. 이 건물은 어쩌다가 여기에 이런 모습으로 자리 잡게 되었을까?

서울 서부권의 거점 동네 수색동

이 건물이 있는 수색동은 서울의 서쪽, 한강 하류의 지역이다. 예부터 물과 인연이 많아서 '물치' 또는 '무르치'라고 했다. 이 우리말 이름을 한자로 표기한 것이 '수색(水色)'이라는 지명으로 자리 잡았다고 한다. 조선시대까지는 한성부 성저십리 연희방 수색리였다. 〈경조오부도〉를 살펴보면 한성의 서쪽 끝에 중초도(中草島)가 보인다. 강의 가운데에 있다고 해서 하중도(河中島)라고도 불렸던 난지도이다. 중초도 옆 수생리(水生里)가 바로 지금의 수색동이다. 아름다운 이름이다. 경치도 아름다웠을 것 같다.

조선시대에는 한적하고 조용한 곳이었겠지만 20세기 서울에서 가장 변화가 심한 곳이었다고 해도 지나치지 않다. 변화는 1900년부터 시작해서 100년간 계속 진행되었다. 〈경조오부도〉에서 서쪽 끝에 겨우 걸쳐서 표기된 것을 보면 한적하고 외진 곳이었다. 하지만 개성과 평양, 신의주를 거쳐 중국으로 이어지는 중요한 길목이어서 20세기가 시작되기 전부터 철도 부설 계획이 있었다. 1896년 처음으로 프랑스 피브릴(Fives Lile) 사가 철도 부설권을 획득한 이 철도 노선의 계획은 서울을

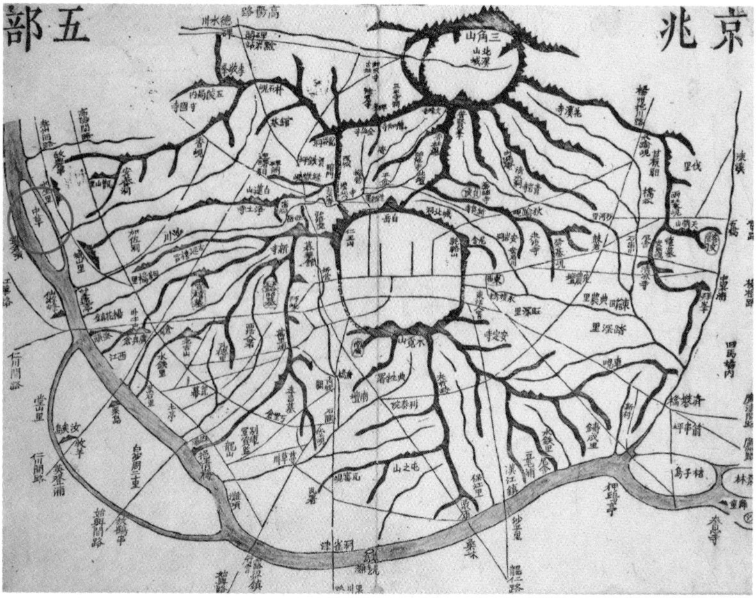

중초도는 난지도의 옛 이름이고, 그 옆 수생리가 지금의 수색동이다.
〈경조오부도〉, 《대동여지도》, 1861. 출처: 서울역사박물관

빠져나와 이곳 수색동을 지났다. 비용 문제로 진행이 지지부진하던 이 철도 노선은 대한제국 시기 1899년 대한철도회사가 부설권을 가져갔지만, 역시 진행되지 못했다. 1900년 정부 기관인 내장원에서 서부철도국을 두고 서울과 개성 구간을 측량하기 시작했다. 1904년 러일전쟁이 일어나자 철도 건설은 속도를 내기 시작했고 이듬해인 1905년 11월 용산에서 중국과 국경을 접한 신의주를 잇는 노선이 개통됐다. 이 철도 노선이 바로 경의선이다. 1908년에는 부산에서 출발해 신의주까지 가는 국내 최초의 급행열차, 융희호(隆熙號)가 경의선에서 운행되었다. 수색동의 경의선 수색역은 같은 해인 1908년 영업을 개시했다. 1911년에 압록강 철교가 완공되어 경의선은 한반도 넘어 만주를 거쳐 유럽까

지 이어지는 국제철도노선의 일부가 되었다. 한성의 외각에 있던 한적한 수색동에 동아시아와 유럽을 잇는 국제철도노선이 정차하는 수색역이 들어선 것이다. 철길이 생겨서 교통은 좋아졌지만, 수색동과 남쪽의 상암동을 단절시켰다.

1937년에는 당시 경성에 전력을 공급하기 위해 조선송전주식회사가 수색동에 대규모 변전시설인 수색변전소를 건설한다. 수력발전소를 중심으로 발전량이 많은 북쪽 지역에서 고압의 전력을 송전받고 다시 저압으로 변전해 경성에 공급하는 매우 중요한 기반시설이었다. 1970년대까지도 남한에서 가장 큰 규모의 변전소였다. 변전소 직원을 위한 관사촌도 대규모로 들어서면서 경의선 철도관사촌과 함께 수색동에 주거지가 생기는 계기가 된다. 수색동은 광복 이후 1949년에 고양시에서 서울시로 편입된다. 이때부터 20세기 중반까지 수색동 일대는 경의선 수색역과 수색변전소라는 큰 기반시설을 바탕으로 서울 서부권의 거점이 되었다.

수색동의 모든 길이 지나는 대림모텔 앞

광복 이후 한국전쟁을 치른 서울에는 전국에서 사람이 몰려들기 시작했다. 서울역 일대에는 피난민의 무허가 판자촌이 대규모로 형성된다. 서울시는 서울역 앞 도동(현재 동자동)의 판자촌 철거를 1958년부터 강행하면서, 도동의 철거민을 수색동에 정책적으로 이주시켰다. 수색동 주변 경사지에는 이들을 수용할 천막이 세워졌고, 철거민들은 이곳에 정착하기 시작했다. 철거민에게는 먹을거리와 일거리가 필요했다. 이주 초기에는 구호품이 지원되었지만 장기적인 대책은 되지 못했다. 다행히 수색동에는 경의선이 있었다. 강원도에서 생산된 석탄이

복명서

소직

명에 의하여 현지 출장 현황을 조사한바 다음과 같이 복명합니다

1. 조사사항

가. 위치 서대문구 수색동 20의 50, 51, 52, 53, 54, 55, 56, 57, 47, 91

나. 면적 861坪

다. 시설자 金 [illegible]

본 예정지는 수색국민학교 입구 좌측에 위치한 곳으로 1966년도에 상가 점포를 건립 상행위를 행하고 있으며 특히 수색국민학교로 통하는 도로면에 위치하여 [illegible] 하여금 혼잡한 실정임.

2. 조사자 의견

본 지역은 기존 수색시장과 약 300m 거리를 두고 있으며 수색시장 운영 부진으로 [illegible] 일용품 수급의 철학을 기하기 위하여는 본 지역을 양성화 함이 타당하다고 사료되오나 본 지역은 수색국민학교와 인접되어 있어 아동들의 교육상의 지장 및 통행인의 지장이 있을 것으로 사료됨.

서대문구

1, 2 서울역 앞의 판자촌을 철거하면서 강제 이주시킨 수색동 철거민촌의 천막 수용소 모습과 쌀 배급 모습. 출처: 서울사진아카이브

3 1968년 서울시의 무허가 시장 양성화와 시장 현대화 사업에 앞서 수일시장을 다녀온 담당 공무원의 보고서. 출처: 국가기록원

기차에 가득 실려 수색역으로 들어왔다. 그리고 1960년대 초반 수색역에는 이 석탄을 연탄으로 가공하는 연탄 공장이 대규모로 형성되었다. 삼천리 연탄공장과 삼표 연탄공장이 대표적이다. 연탄공장은 철거민에게 일자리를 주고, 수색동에 정착할 수 있는 기반이 되어주었을 것이다.

주민이 늘어나면서 시장과 상권이 형성된다. 수색역 앞은 수색역

1968년 서울시의 무허가 시장 양성화, 1978년 수색동 남쪽 난지도의 쓰레기 매립장 지정, 2006년 수색증산 뉴타운 계획 등 수색동은 굵직한 변화를 맞닥뜨려왔다.

무허가시장 양성화 사업을 위해 작성한 수일시장 일대 건축대지 증명원

을 중심으로 동서 방향의 경의선과 수색로가 서울과 고양시를 이어 주어 교통이 좋았지만, 남북방향은 경의선으로 단절되어 있었다. 그래도 철길을 건널 수 있는 길은 있었는데, 1937년에 만들어진 수색역 아래 토끼굴이었다. 그래서였을까? 토끼굴 입구가 있는 길목은 사람들의 왕래가 많았고, 길목에 수일시장이 형성되었다. 수색역 앞 수일시장이 언제부터 형성되었는지 알 수는 없지만 박일향의 논문 〈1967-1973년 서울의 시장 현대화 계획의 시행과 의의〉(《건축역사연구》 제30권 1호, 통권134호, 2021년 2월)에 당시 상황을 추측할 수 있는 단서가 있다. 논문에 따르면 수일시장은 1968년 서울시의 시장 현대화 사업의 대상 중 하나였다. 무허가 시장의 양성화와 함께 3층 규모의 철근콘크리트 건물로 시설을 현대화하는 계획이 있었던 것이 확인된다.

1960년 전후로 유입된 도동의 철거민들과 연탄공장은 수색동을 변화시켰다. 수색역과 토끼굴 길목을 중심으로 상점이 들어서고, 식당과 목욕탕 그리고 술집과 숙박업도 늘어난다. 1968년 서울시의 무허가 시장 양성화 사업을 계기로 3~4층의 철근콘크리트 건물이 시장과 수색로 변에 들어선다. 판자촌 이주민들의 천막도 모두 번듯한 주택으로 바뀌었다.

수색로 260-1의 대림모텔 건물은 1968년에 준공되었다. 수색역

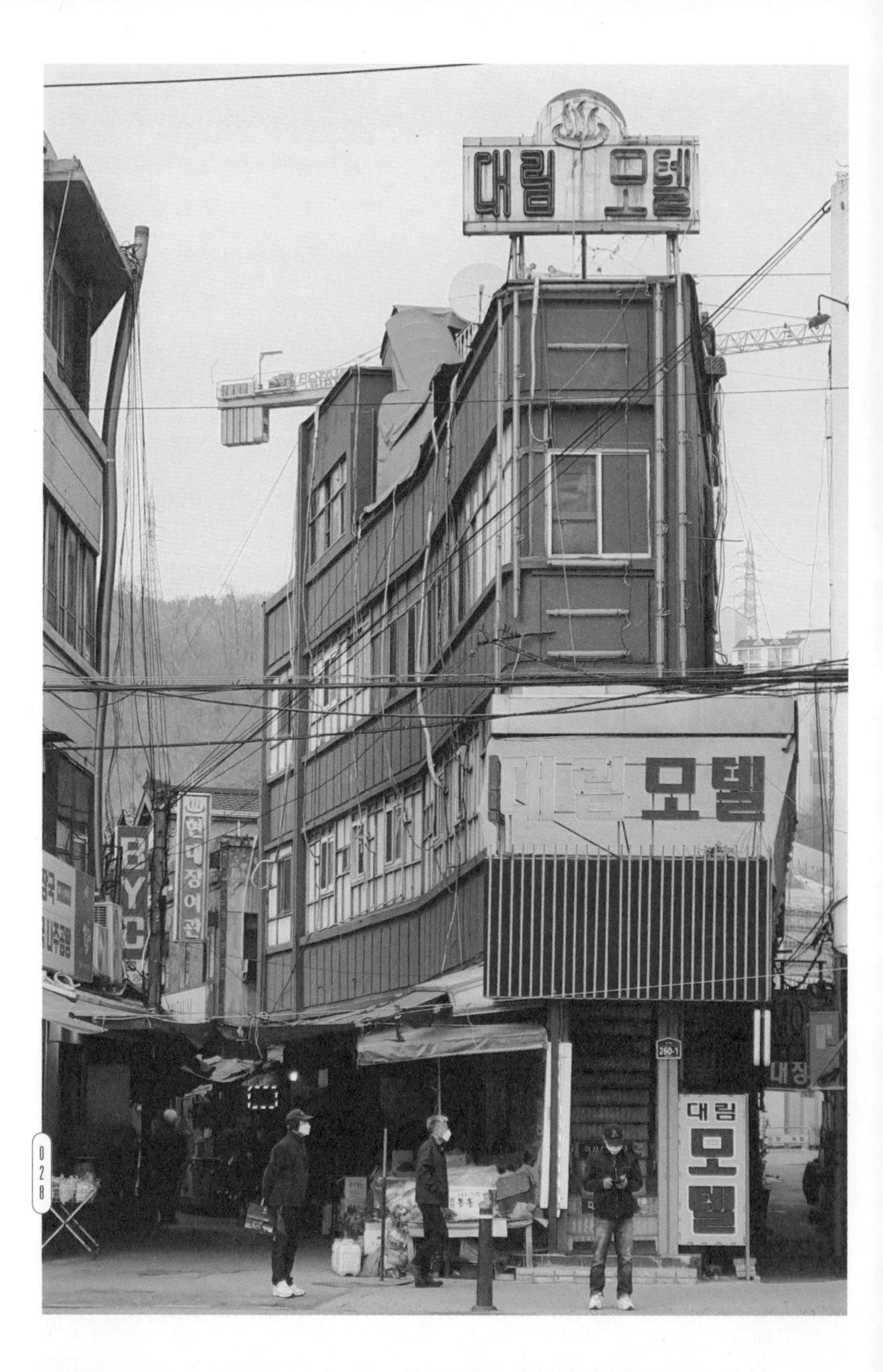
대림 모텔
대림 모텔
BYC
260-1
대림
모텔

토끼굴에서 나와 수색로를 마주하면 이 건물의 얇은 입면을 마주하게 된다. 수색동의 모든 길이 모이는 목 중에 목이다. 수색초등학교 정문으로 향하는 수일시장 중심 골목의 형태를 그대로 따르며 지어진 모습이다. 수색역으로 내려오는 두 갈래의 골목이 수색로에서 만나는 꼭짓점에 위치한다. 그래서 이 건물은 수색로에서는 건물의 얇은 모서리 부분만 보이고, 몸체는 시장 골목을 따라 넓어진다. 수색동에 사는 사람이 수색역을 이용하거나 철길 건너 상암동으로 가기 위해 토끼굴을 이용하려면 어느 길로 내려오든 무조건 이 건물 앞을 지나야 했을 것이다. 수색동의 모든 길은 대림모텔 앞으로 통했다. 수색변전소의 전력 공급에 이어 연탄공장의 연탄 공급까지 그야말로 수색동 없이는 서울이 1분, 1초도 유지되기 어려운 시절이었다.

1978년에 또 하나의 큰 변화가 생긴다. 서울시가 수색동 남쪽의 난지도를 쓰레기 매립장으로 지정한 것이다. 이후 15년간 서울시의 쓰레기가 난지도에 쌓이면서 수색동을 비롯한 인접한 지역의 환경이 매우 열악해졌다. 쓰레기 소각장이 가동될 때면 모두 창문을 닫고 숨을 죽였다고 한다. 난지도 쓰레기 매립장은 수용 한계량을 초과한 1993년에서야 폐쇄된다. 철거 이주 지역으로 연탄공장이 밀집하고 쓰레기 매립지를 지척에 두게 된 1970년대 수색역 일대는 서울의 가장 가난한 동네로 그려진다. 난지도를 무대로 한 유재순 기자의 현장 소설 《난지도 사람들》(1985)은 사회적인 이슈가 되었고, 정연희의 소설 《난지도》(1990)와 이상락의 소설 《난지도의 딸》(1984)도 이때의 난지도와 수색역 지역을 배경으로 하고 있다.

서울에서 가장 가난한 동네의 변신

20세기 100년 동안 서울의 산업화와 도시화의 그림자 역할을 했던 수색동은 21세기를 맞아 더 큰 변화를 맞닥뜨리고 있다. 수색역은 경의선 복선화를 계기로 새로이 역사를 단장했고, 경의선과 지하철 6호선 그리고 공항철도가 환승되는 디지털미디어시티역이 나란히 들어섰다. 2006년 수색지구와 증산지구로 나뉜 수색증산 뉴타운 계획이 수립되고, 2017년부터 수색동 전체가 뉴타운 공사현장이 되었다. 조만간 수색변전소 지하화 계획이 진행되면 지난 100년간의 수색동 모습은 찾아보기 힘들어질 것이다. 옛 수색역도 없어졌고, 철도관사와 변전소 직원 관사도 남아있지 않다. 철거 이주민이 희망을 품고 일했던 연탄공장은 대형 마트로 바뀌었고, 악취를 풍기던 난지도의 쓰레기 산은 하늘공원이 되었다. 수색동의 작은 골목과 집은 모두 아파트 단지로 바뀌었다. 수일시장의 빈 상점들 사이에서 아직 남아있는 수색로260-1의 대림모텔 건물도 곧 없어질 것이다. 경의선을 지하화하고 상암동과 수색동을 이어주는 복합개발의 조감도에는 지난 100년간 철길로 단절된 남쪽과 북쪽을 이어주던 188m의 토끼굴은 보이지 않는다. 이렇게 수색동은 20세기를 뒤로 하고 21세기를 지나고 있다.

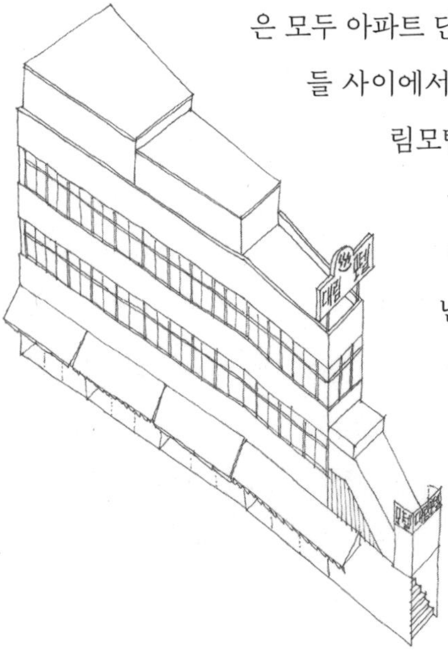

600년 옛길과 50년 새길의 교차점

종로구 새문안로5길 7-1
(당주동 37-3)

다양한 업종의 가게 가운데 어떤 업종의 매장 크기가 가장 작을까? 한 명이나 두 명 정도가 겨우 들어갈 수 있는 정도 크기의 테이크아웃 커피 전문점을 본 적이 있을 것이다. 커피가 아니더라도 붕어빵이나 아이스크림, 생과일주스를 파는 가게일 수도 있다. 예전에는 이런 작은 공간에 도장 가게나 열쇳집이 많았다. 아무리 많은 도장과 아무리 많은 열쇠를 진열하더라도 큰 공간을 차지하지 않고, 도장이나 열쇠를 만드는데 필요한 도구 역시 공간을 얼마 차지하지 않기 때문이다. 게다가 손님은 매장에 들어갈 필요가 없다. 도장에 새길 이름이나 복사할 열쇠를 전해주기만 하면 되기 때문이다. 새문안로5길 7-1(당주동 37-3)에 있는 이 작은 건물에 다른 업종이 아닌 도장 가게가 있는 것은 어쩌면 도장 가게가 아니면 들어올 수 있는 업종이 없어서는 아닐까. 인구 1000만 도시 서울의 중심 중에서도 중심인 세종대로 뒤편에 이런 작은 땅이 있는 것도 신기하고 그 땅에 건물이 있는 것도 흥미롭다.

백운동천 물길의 흔적

당주동은 조선시대에는 중국인 '피' 씨의 의원이 있었다해서 불리던 '당피동(唐皮洞)'에 해당하는 지역이다. 당피동에는 낮은 고개가 있는데, 오르면 경희궁의 정문인 '흥화문(興化門)' 현판 글씨가 야광주처럼 밝게 빛났다고 해서 고개 이름은 '야주현'이었다. 지금은 경복궁역 사거리에서 새문안길로 이어지는 새문안로3길이 야주현을 넘는다. 주한 오만대사관 앞이었다고 생각하면 크게 다르지 않다. 일제는 행정구역을 개편하면서 당피동과 야주현에서 각각 '당'과 '주' 한 글자씩 따서 당주동이라는 이름을 붙였다. 1914년의 일이다. 이때까지만 해도 인왕산과 북악산에서 내려온 백운동천이 당주동을 지나 청계천으로 흐르

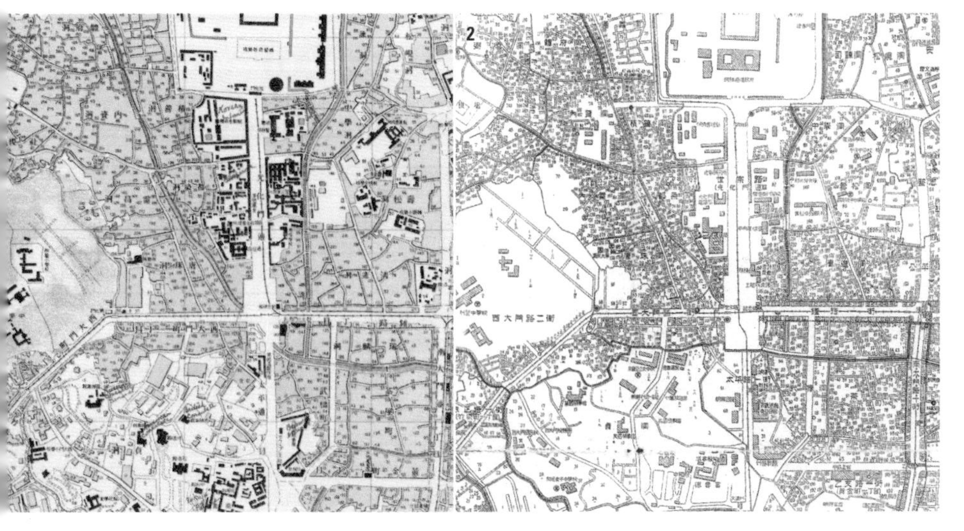

1 경복궁 왼쪽에 보이는 파란색 표시가 백운동천 물길이다. 당주동을 지나 청계천으로 흐르고 있다. 〈경성시가도〉 당주동 일대 부분, 1910. 출처: 서울역사박물관

2 1925년 백운동천 복개로 물길이 사라졌다. 〈서울특별시전도〉 당주동 일대 부분, 1947. 출처: 서울역사박물관

고 있었다. 100년 전까지만 해도 이곳은 조선의 옛 골목이 거의 유지되었는데, 1925년 당주동을 지나는 구간의 백운동천이 복개된다. 현재 세종대로 사거리에서 시작해서 북서쪽으로 이어지는 새문안로9길과 세종문화회관 서쪽에서 경복궁역 사거리로 이어지는 새문안로5가길이 백운동천을 복개한 물길이다. 본래 같은 물길이었지만, 새로운 도로명 주소 체계에서 구간마다 서로 다른 이름이 붙은 것은 아쉽다.

새문안로5길 7-1의 서쪽에 면한 길은 이 백운동천 물길과 나란한 방향이다. 백운동천이 복개되기 전인 1910년에 제작된 〈경성시가도〉를 살펴보면, 청계천과 이어지는 백운동천 남서쪽으로 나란하게 이어진 옛길이 보인다. 동화면세점과 조선일보 사옥 사이의 굽은 길에서 이어져서 사직단과 서촌 쪽으로 올라가는 길이다. 사직로와 자하문로가

세종문화회관 자리에 있던 서울시민회관, 1963. 출처: 서울사진아카이브

개통되기 전까지는 경복궁 서쪽의 사직동, 필운동, 체부동, 통인동, 옥인동 같은 동네로 이어지는 중요한 길로 600년 가까운 역사를 품은 길이다. 이 길은 당주동에 차량 도로가 생기고 큰 규모의 건물이 들어서면서 끊겼고, 일부만 건물 뒤편에 남았다.

새문안로5길 7-1의 동쪽에 면한 새문안로5길은 최근에 만들어진 포시즌호텔에서 시작해서 세종문화회관, 외교부청사, 정부중앙청사를 따라 북쪽으로 경복궁 담장에 이어지는 넓고 곧은 길이다. 이 길은 자동차를 염두하고 계획한 도로가 분명하다. 이 길이 만들어지면서 당주동 새문안로5길 7-1이 잘려나가고 쐐기와 같은 독특한 모양의 땅이 생겼을 것이다. 새문안로5길은 언제 만들어졌을까?

1 화재가 발생한 서울시민회관. 출처: 서울특별시 소방재난본부

2 화재 때 3층 창틀에 거꾸로 매달려 있다가 구조된 7살 아이에 관한 기사를 내보낸 《매일경제》 1973년 2월 23일자. 아이는 75일만에 퇴원해 '기적의 소녀'라는 칭호를 얻었다고 한다. 《매일경제》의 박태홍 기자 사진

600년 옛길과 50년 새길

1973년 항공사진을 살펴보면, 당주동에는 아직도 1920년대의 도시조직이 남아있다. 도시형 한옥이 빼곡하고 신문로 인접한 부분에는 높은 건물이 보인다. 1978년 항공사진에서 새문안로5길 7-1의 쐐기 형태가 처음 나타난다. 동쪽으로 건물이 철거되고 새로운 길이 만들어지는 것이 보인다. 그 위로 넓은 부지에 토목공사가 한창인 모습을 찾을 수 있다. 세종문화회관 자리이다. 1982년 항공사진에서는 깨끗하게 포장을 마치고 차선과 횡단보도 도색까지 마친 새문안로5길과 새문안로5길 7-1의 쐐기 형태의 도장 가게 건물이 보인다. 세종문화회관의 크고 멋진 열주도 살짝 보인다. 그랬다. 새문안로5길 7-1의 작고 좁은 쐐기 형태는 세종문화회관 공사와 함께 진행된 도로공사로 필지가 잘리고 남은 부분이었다.

세종문화회관 신축과 함께 새문안로까지 내려오는 새문로안로5길이 생기면서 기존 당주동의 도시조직은 크게 변했다.

세종문화회관 자리에는 본래 부민회관이라고도 불렸던 서울시민회관이 있었다. 1955년 이승만의 호를 붙인 '우남회관'이라는 명칭으로 설계공모전을 실시하고 당선작 발표를 미루다가 다음해인 1956년 3월에야 당선작 없는 가작 3팀을 발표했다. 송종석과 안영배의 안, 이명휘와 엄덕문의 안, 진익상과 안병의의 안이었다. 결국 가작에도 없던 건축가 이천승의 설계로 1961년 준공되었다. '우남회관'이라는 이름은 여러 의견이 있었으나 시민회관으로 최종 결정되었다. 이 서울시민회관에서 1972년 12월 2일 화재가 발생했다. MBC 10대 가수 청백전 직후 발생한 화재로 100여 명의 사상자가 발생하고 건물은 전소되었다. 화재 당시 서울시민회관에 걸려있는 포스터에서 낯익은 이름이 보인다. "김추자 컴백 리싸이틀" 포스터에는 이종환 씨가 진행을 하고 출연 가수로는 김추자를 비롯해서 송창식, 이수미, 양희은 등이 있다. 서수남,

하청일씨도 보인다. 지금도 왕성한 활동을 하고 계신 분의 이름이 있는 것을 보면 그리 오래되지 않은 일이었음을 새삼 느끼게 된다.

1973년 소실된 서울시민회관 자리에 새로운 문화시설을 짓기 위한 건축설계 공모전이 진행되었는데, 엄덕문 건축가의 안이 최우수작으로, 나상기의 안이 준우수작으로 선정되었다. 엄덕문은 서울시민회관 설계공모전 당시 선정된 가작 3팀 가운데 한 팀이었다. 실패를 딛고 일어선 재도전의 결실인 셈이다. 이 건물이 지금의 세종문화회관이다. 새로 세종문화회관을 공사하면서 당주동은 큰 변화를 맞이하게 된다. 1970년에 완성된 정부종합청사 뒤편의 차량 도로를 이어서 남쪽으로 새문안로까지 내려오는 도로를 신설했기 때문이다. 차량통행이 수월하고, 인도와 가로수가 있는 현대적인 넓은 가로가 직선으로 개통되었다. 이 도로가 현재 새문안로5길이다. 물길을 따라 자리 잡았던 600년

FLOWER SHOP
꽃
722.7600

당주동의 도시조직은 가위로 잘라내듯 깨끗이 지워졌다. 600년간 사용되던 길과 새로 만들어진 새문안로5길이 교차되는 지점에 쐐기 모양의 이형 필지가 만들어진 것이다. 새문안로5길 7-1 도장 가게의 시작이다.

새문안로5길에 접한 작은 건물은 이때 잘리고 남은 건물이다. 지금은 주변에 대규모 건물이 들어섰다. 그나마, 포시즌호텔과 세종문화회관 사이에 옛 도시조직이 조금 남아있다. 5호선 광화문역 8번 출구 앞에 있는 새문안로5길 14-1(당주동 44-3)의 보금장도 그 가운데 하나이다. 새문안로5길에 면한 귀금속 전문점 보금장의 동쪽에는 2m 남짓의 작은 골목이 있다. 복개된 백운동천과 나란히 이어지는 옛 골목이다. 새문안로5길 14-1도 1968년 일부가 잘려나가고 남은 땅 위에 지어진 건물이다. 계단을 설치할 공간이 없으니 단층으로 지어졌고, 도장 가게와 마찬가지로 공간이 크지 않아도 되는 귀금속 전문점이 영업을 시작했다. 보금장 옆의 옛골목은 포시즌호텔까지 약 60여 미터가 남아 있다. 차량이 진입할 수 없는 좁은 골목에서 10여 개의 가게가 영업을 하고 있다. 대개 음식점이다. 국가상징가로인 세종대로나 종로, 새문안로 같은 중심도로 이면에 이렇게 옛골목이 공존하고 있다.

보금장과 도장 가게는 위치와 모양이 대칭되는 곳이다. 도장 가게 옆으로도 옛길이 남아 있지만, 1980년대 당주동에 대규모 업무시설이 들어서면서 옛길이 사라지기 시작했다. 도장 가게 옆의 옛 골목도 1985년 새문안로5길 13(당주동 160)에 지하 4층 지상 12층 규모의 건물

CAFE'
광화문 섬
보금장
새문안로7길
Saemunan-ro 7-gil
보금장
설렁탕
풍년옥
설렁탕
풍년옥
BAR
ADT
보
금
장
감자탕
BAR

이 들어서면서 막혔고, 지금은 50m 정도만 남았다. 도장 가게는 그 작은 공간에서 도장, 열쇠, 명함, 간판, 책상 유리 등 다양한 일을 하고 있다. 주로 인근 업무시설에 입주한 사무소에서 필요로 하는 일이다. 새문안로5길이 생기면서 땅이 작아지고 건물이 잘렸지만, 새문안로5길 주변에 들어선 건물의 입주 사무실과 공존하고 있는 것이다.

도장 가게는 새문안로5길과 옛 길, 양쪽에서 출입할 수 있다. 새문안로5길의 보행로에 바로 붙어 있어 진열장은 새문안로5길 쪽을 향한다. 손님은 이쪽을 이용한다. 반대쪽 옛길은 더 좁지만 인도가 구분되어 있지 않다. 그래서 출장 때 사용하는 오토바이를 주차해두고 잡다한 물건을 쌓아두기도 한다. 주인은 옛길 쪽을 이용하고 길 위에서 작업을 하기도 한다. 모서리에는 도장 모양의 빨간 조형물이 뱃머리 장식처럼 놓여있다. 어느 쪽에서나 잘 보이는 위치다.

이렇게 새문안로5길 7-1의 도장 가게는 옛길과 새길 사이에서 옛길의 입구를 지키고 있는 것 같다. 한쪽에는 조선시대부터 600년간 사용되던 도성의 옛길이 있고, 다른 한쪽에는 세종문화회관을 건설하며 함께 만든 새문안로5길이 자리하고 있다. 이 작은 땅에서 600년의 역사와 근대 서울의 개발 역사를 함께 살펴볼 수 있다.

손기정과 남승룡의 골목

중구 만리재로35길 47-1
(중림동 332)

1936년 8월 6일 베를린올림픽 마라톤 경기가 열렸다. 세계가 주목하는 가운데 올림픽 주경기장에는 382번 선수가 가장 앞서 달리고 있다. 2시간 29분 19.2초! 세계 신기록! 25세의 조선인 손기정이다. 중학교 시절부터 육상 선수로 활약한 손기정은 1933년부터 1936년까지 13번의 마라톤 대회에 참가해 10번을 우승했다. 그리고 1936년 베를린올림픽에서 세계 신기록을 세우고 금메달을 목에 걸었다.

같은 날, 같은 장소, 손기정과 같이 시상대에 오른 또 한 명의 조선인이 있다. 우승자인 손기정은 상으로 받은 묘목으로 일장기를 가릴 수 있었지만, 3위를 하는 바람에 묘목을 받지 못해 일장기를 가릴 수 없었다며 우승한 손기정 선수가 부러웠다고 한 25세의 조선인 남승룡이다. 대표 선발전에서는 손기정보다 먼저 들어왔지만 올림픽 본 무대에서는 동메달에 만족해야 했다.

손기정 선수는 중국과 국경을 접하고 있는 평안북도 신의주가 고향이고, 남승룡 선수는 남해바다를 마주한 전라남도 순천이 고향이다. 두 선수는 서울의 양정고등학교를 다니며 고독한 마라토너의 길을 함께 했다. 당시 양정고등학교는 서울역 서쪽 만리동의 높은 경사로에 있었다. 양정고등학교는 1905년 설립된 양정의숙에 뿌리를 두는데, 명성황후 사후 사실상 고종황제의 황후였던 순헌황귀비의 친정 엄씨 가문이 세운 최초의 민족학교다. 양정의숙의 초대 숙장도 순헌황귀비 엄씨의 7촌 조카인 엄주익이다. 조선의 남쪽과 북쪽 끝에서 1912년 같은 해에 태어난 친구이자 마라토너로서 민족학교에서 함께 뛴 것이다. 두 선수 모두 양정고등학교 정문이 있는 만리동과 후문이 있는 중림동을 수백수천 번 뛰어다녔을 것이다.

만리동과 중림동

만리동은 조선 세종 때의 문신 최만리가 지금의 만리재에 살았다고 해서 붙인 이름이다. 중림동도 이 동네에 살았던 인물과 관련이 있다. 중림동이라는 이름은 '약전중동'과 '한림동'에서 각각 한 자씩 따온 건데 한림동이란 명칭은 조선시대 한림 벼슬을 지낸 이정암의 삼형제가 모두 이곳에 거주해서 붙은 이름이라고 한다. 약전중동은 남대문에서 만리재와 약현(약전현)으로 가는 갈림길에 있는 마을인 가운뎃말, 그러니까 중간마을이었던 데서 유래되었다. 약현은 약초를 재배하는 밭이 있고 장안에 약을 공급하는 동네여서 붙은 이름으로 지금의 만리동 입구에서 충정로3가 넘어가는 고개이다. 조선시대부터 유래가 깊고 사람 살 만한 큰 동네였다.

20세기 초 세계 마라톤계를 평정한 두 선수가 고등학생 시절 거닐던 만리동과 중림동 일대는 일제강점기 때부터 작은 골목과 도시형 한옥이 밀집한 동네였다. 자동차는 올라오지 못하고 걸어서 다닐 수 있는 곳이었다. 한국전쟁 이후 서울역과 가까운 이곳에 피난민과 가난한 사람이 몰려들었다. 일거리가 많은 도심과 가깝지만 철길이 가로막고 있어 접근성이 좋지만은 않았다. 1978년 '산업화 과정에서 소외된 도시 하층민의 고통을 간결한 문체와 환상적 분위기로 잡아낸 명작'이라는 찬사를 받은 조세희의 중편 소설 《난쟁이가 쏘아 올린 작은 공》의 배경이 바로 중림동이다. 중림동은 당시 대표적인 달동네였다. '골목안 풍경'을 테마로 1988년부터 개인전을 여섯 차례 개최하며, 사진계와 문화계는 물론 일반인의 열렬한 지지를 받은 골목 사진가 김기찬은 1968년부터 30년간 이곳 중림동에서 생활하면서 중림동의 골목 풍경을 카메라에 담았다.

보행로를 차도로, 다시 차도를 보행로로

1970년 남대문 시장이 있는 도심과 중림동, 만리동을 연결하는 자동차 전용도로인 서울역 고가도로가 철길 위에 개통된다. 남대문시장에서 판매되는 다양한 옷을 만드는 작은 공장들이 주택가에 뒤엉키게 되었고, 자동차와 오토바이는 쉴 새 없이 서울역 고가도로를 넘어 남대문시장으로 만들어진 옷과 제품을 실어 날랐다.

1990년대 후반에는 만리동과 중림동의 골목과 작은 집들이 헐리고 번듯한 길이 생긴다. 만리동에서 시작, 중림동을 관통해서 염천교까지 이어지는 만리재로35길과 청파로103길이 이때 여러 집을 헐어내고 개통했다.

항공사진에서 과정을 확인할 수 있다. 1969년 항공사진에는 아직 서울역 고가차도가 보이지 않는다. 서울역 서쪽의 만리광장이 위치한 곳에도 건물이 빼곡하게 들어차 있다. 1978년 항공사진에는 서울역 고가차도가 보인다. 고가차도 주변의 건물들은 사라졌지만, 양정고등학교 주변에는 아직 도시형 한옥이 빼곡하다. 저 골목 어딘가 김기찬 작가가 카메라를 들고 지나고 있을지도 모르겠다. 1996년 항공사진에서 드디어 만리재로35길이 보인다. 서울역 고가차도가 만리재로로 내려오는 곳에서부터 골목과 작은 건물들을 잘라내고 중림로까지 이어진다. 중림로 건너편으로 이어지는 청파로103길은 한창 공사 중이다. 마치 터널을 뚫듯이 도심형 한옥과 작은 건물들이 헐려있는 너른 공사현장이 보인다. 이렇게 만리동과 중림동 안쪽까지 자동차가 들어오게 된다.

2001년 항공사진은 20세기와 작별하고 21세기를 맞이하는 중림동과 만리동의 변화를 보여준다. 한옥과 골목이 있던 자리에 대규모

1990년대 후반에 만리동과 중림동의 골목과 작은 집들이 헐리고 번듯한 길이 생기는데
만리재로35길과 청파로103길이다.

아파트 단지가 들어서기 시작한다. 도시형 한옥이 밀집해 있는 넓은 지역에 중림동 삼성사이버빌리지아파트단지가 들어섰다. 이후 서울역 리가아파트단지, 서울역 한라비발디센트럴아파트단지, KCC 파크타운, 서울역 센트럴자이아파트단지까지 옛 양정고등학교 주변의 도시형 한

옥 밀집 지역은 모두 아파트 단지로 변했다.

도시의 변화는 아이러니하다. 만리동과 중림동은 한옥이 빼곡하고 골목골목에 보행자가 많았다. 하지만 20세기 후반 가속되는 산업화의 흐름 속에서 보행을 터부시 하며 자동차 이용을 효율적으로 하려고 고가차도를 건설하고 한옥을 헐고 차도를 만들었다. 그런데 지금 이곳에 보행자의 길과 보행자를 위한 공간을 다시 만들기 위해 고군분투하고 있다. 1970년에 만들어진 서울역 고가도로는 차량통행을 제한하고, 보행자 전용의 서울로7017로 재탄생한다. 2017년의 일이다. 중림로는 2018년 보행문화거리로 조성되며 차도를 줄이고 보행로를 넓혔다. 2019년 서울로7017 2단계 연결 길 구상이 중림동에도 수립되었고, 2021년에는 그 시범사업으로 서울로사잇길이 중림동과 만리동에 걸쳐 조성된다. 역시 차도를 줄이고 보행로를 넓혔으며, 협약을 통해 노천카페와 같은 영업이 허용되었다. 손기정 선수가 이런 유럽의 식당과 카페와 같은 분위기를 보셨다면 어땠을까?

만리재로35길 47-1(중림동 332)에서 이런 변화의 흔적을 모두 살펴볼 수 있다. 1990년대 개통된 만리재로35길은 만리재로35길 47-1을 반토막 냈다. 도로가 개통된 반대쪽에는 차량이 들어갈 수 없는 옛 골목이 남아있다. 이 골목 안에는 재개발구역에 포함되지 않아 남아있

HANSO
RESIDENCE SEOUL
산첩첩 물첩첩

는 작은 주택들이 있다. 만리재로35길 47-1은 도로에 잘리면서 건물이 철거되고 한동안 주차장으로 사용되었다. 차량 전용 고가도로가 보행전용으로 바뀌던 2017년, 건물이 들어서기 어려워 보이는 만리재로 35길 47-1에 건물이 지어졌다. 손기정 선수와 남승룡 선수가 다녔던 양정고등학교의 옛 건물처럼 붉은 벽돌을 재료로 사용한 이 건물은 만리재로35길로 잘려나가 상처 받은 대지의 모습을 그대로 닮았다. 옛 골목과 새길이 교차하며 만든 예각의 얇은 형태이다. 출입구도 옛 골목과 새길, 양쪽 모두에 있다. 얇은 건물이기에 건물을 통과해서 옛 골목과 새길을 수시로 드나들 수 있다.

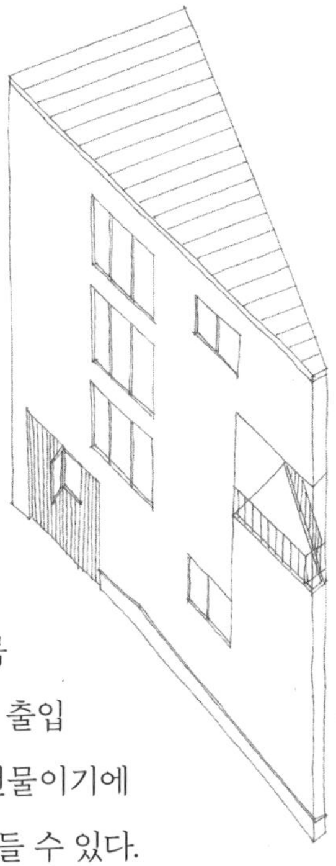

만리재로35길은 차량 통행을 위해 만들어졌지만, 20년이 지난 지금은 상황과 인식이 크게 달라졌다. 서울로7017과 만리광장 그리고 최근 조성된 서울로사잇길에 이어서 만리재로35길과 양정고등학교 후문으로 이어지는 골목까지 차량보다 보행자를 배려하는 가로환경으로 변화를 준비하고 있다.

손기정 선수와 남승룡 선수가 뛰어다녔을 그 시절 골목이 이제 얼마 남지 않았다. 개발된 새길과 옛 골목의 모습이 교차하는 만리재로 35길 47-1에 지어진 이런 건축물이 눈길이 가는 이유다. 서울로7017이 개장한 2017년에 준공되었고, 20세기 초반 만리동과 중림동의 건축물에 많이 사용되었을 것 같은 붉은 벽돌로 마감한 모습도 흥미롭다.

기찻길 옆 상수동 그리고 제비다방

마포구 와우산로 24
(상수동 330-12)

신입생 때 마주한 건축공학부 학회실은 충격이었다. 낡고 찢어진 가죽 소파 그리고 쓰고 남은 모형 재료가 두꺼운 공업수학 책들과 함께 널브러져 있었다. 굳이 찾아보자면 갈색 맥주병과 초록색 소주병이 오차 없이 줄지어 세워진 모습에서 공학인의 '차가운' 이성을 엿볼 수 있는 정도라고 할까. 우아하고 고상할 것만 같던 건축에 대한 내 선입견을 단번에 깨뜨려 준 공간이었다. 이 '혼돈의 도가니' 같던 공간에서 청각을 자극하고 마음을 정화시켜 주는 기타 연주를 듣게 될 줄은 몰랐다. 설계 과제를 마치고 귀가하면서 잠시 들른 새벽의 학회실에서는 부드러우면서도 기분 좋은 기타 연주가 흘러나오고 있었다. 기타를 연주하는 89학번 김규하, 정태경 두 선배를 처음 만난 것은 1996년 여름이다. 그리고 음악에 문외한인 나에게 두 장의 앨범을 남겨주셨다.

1998년 〈A Pirate Radio〉 앨범은 학창시절 설계 과제를 하면서 가장 많이 들었던 앨범 중 하나다. "낭만고양이"를 부른 체리필터, 언니네이발관, 모던 록밴드 미선이 등과 함께 김규하 선배의 기타 연주곡 3곡이 있다. 모든 것이 엉망이고 정신없는 설계실에서 두 귀만큼은 최고의 라이브를 듣는 호사를 누렸다. 지금도 이 앨범에 실린 "Blue Grey Bluses"와 "Blues#2", "Blues#1" 이 세 곡을 틀어놓고 눈을 감으면, 학창시절 설계실에서 그리거나 만들던 과제와 불안했던 20대의 감정이 스멀스멀 피어오른다.

2016년 〈No Blues, No Life〉 앨범은 두 선배를 다시 볼 수 있게 해줬다. 정태경 선배는 고등학교 친구인 기타리스트 윤병주와 블루스 밴드 제이브라더스를 결성하고 2002년부터 공연이나 컴필레이션 앨범에 곡을 수록하는 활동을 간간이 하다가 2016년 첫 앨범을 발표했다. 바로 〈No Blues, No Life〉이다. 앨범 재킷에는 정태경, 윤병주와 함께

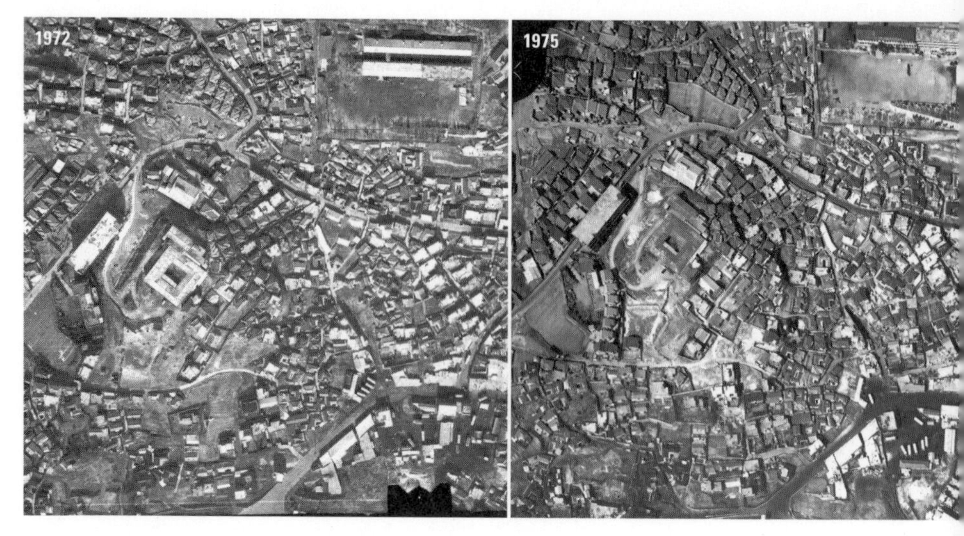

독막로가 만들어지기 전 1970년대 서강초등학교 일대 항공사진

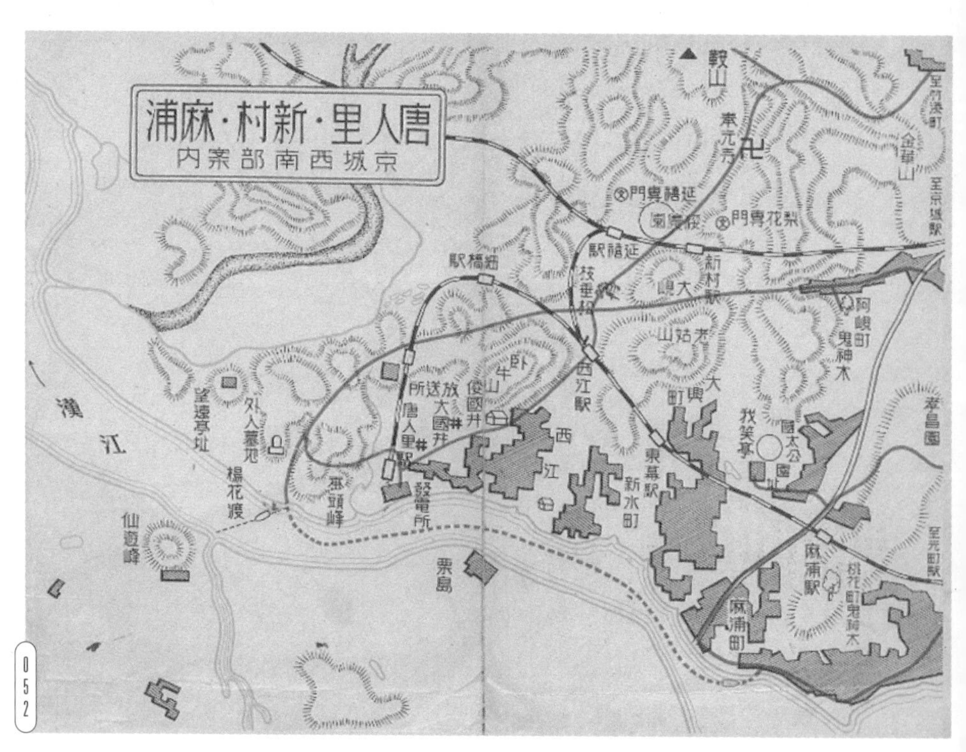

〈마포·신촌·당인리: 경성서남부안내도〉, 1936

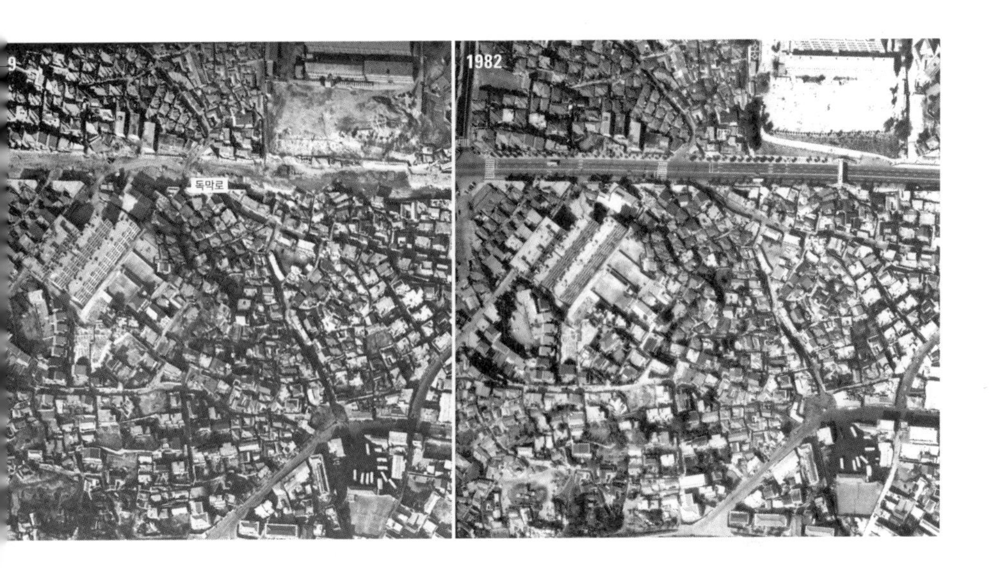

흰색 모자를 눌러 쓴 김규하 선배도 있었다. 김규하 선배를 주제로 한 8번 트랙곡 "Kyuha Kim"은 1996년 두 선배를 처음 만난 날을 떠올리게 해줘서 이 앨범에서 가장 애정하는 곡이다. 앨범 발표를 계기로 상수동 제비다방에서 제이브라더스 라이브 공연이 열린다는 소식을 듣고 찾아갔다. 그곳에서 정태경, 김규하가 함께하는 라이브 연주를 들을 수 있었다. 20년만이었다.

상수동의 6조각

공연을 다녀온 후 제이브라더스 앨범을 자주 들었지만, 공연을 본 상수동과 제비다방은 잊고 있었다. 건축가 우대성이 독막로 107(상수동 140-3)을 제보해주기 전까지는 말이다. 건물 전체를 유리로 마감한 이 건물은 굽어 내려오는 골목이 큰길과 만나면서 생긴 예각에 맞춰 날카로운 삼각형 형태를 하고 있었다. 주변을 걸으며 큰길 양쪽을 살펴보니 비슷한 모습의 다른 건물이 더 보였다. 잊고 있던 제비다방을 우

1 독막로 67(상수동 317-6)

2 독막로 61(상수동 318-5)

3 독막로 62(상수동 319-1)

4 독막로 104(상수동 153-4)

5 독막로 70(상수동 323-1)

연히 다시 만났다. 형들 생각에 반갑기도 하고 흥미를 갖고 있는 조각난 땅과 그 위의 날카로운 건물이 많이 보여 더 넓게 상수동을 둘러볼 요량이 생겼다. 〈A Pirate Radio〉와 〈No Blues, No Life〉의 곡들을 플레이 리스트에 올려놓고 골목을 기웃거리며 흩어진 상수동의 조각을 찾기 시작했다. 상수동의 조각은 모두 6개인데, 당인리사거리 주변 독막로 67(상수동 317-6), 독막로 61(상수동 318-5), 독막로 62(상수동 319-1) 3개와 상수역사거리 동쪽 독막로에 접한 독막로 107(상수동 140-3), 독막로 104(상수동 153-4) 2개 그리고 상수역사거리 남쪽으로 와우산로에 접한 제비다방이 있는 와우산로 24(상수동 330-12)이다.

상수동은 북쪽으로 홍익대학교가 있고, 남쪽으로 한강과 당인리 발전소를 접하고 있다. 당인리 발전소는 1930년에 준공된 우리나라 최초의 화력발전소다. 1936년 준공된 2호기와 1956년 준공된 3호기까지 석탄을 연료로 하는 화력발전소로 운영했기 때문에 연료인 석탄을 운반하기 위해 경의중앙선에서 당인리발전소까지 별도의 철도 노선이 있었다. '당인리선'이다. 당인리발전소는 석탄을 연료로 사용하는 1, 2, 3호기 가운데 1970년 1호기와 2호기를 폐기했다. 마지막 3호기는 1982년이 되어서야 폐기되었다고 한다. 당인리선도 1982년까지 사용되었다. 지금은 클럽과 카페가 줄지어 들어선 홍대앞 어울림마당로가 되었다.

1972년 상수역사거리 주변 항공사진을 살펴보자. 철길 옆 상수동은 지붕모양이 닮은 단독주택이 빼곡히 들어서 있다. 이때까지만 해도 철길이 없어지거나 큰 도로가 생기는 것을 상상하지 못했을 것이다.

변화의 분기점은 당인리발전소 3호기가 폐기되기 4년 전인 1978년에 일어났다. 상수동 6조각의 토지대장을 살펴보니, 모두 1978년에 토

'금'카페
임대
ERA
02)
6003-5041
56 ←1
마포
홍 대

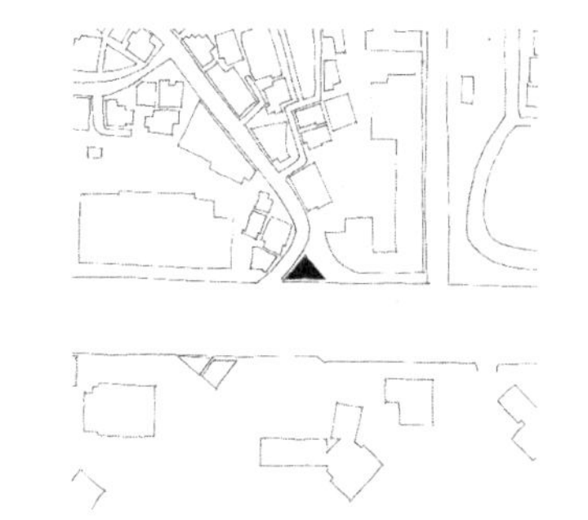

독막로 107은 새로 지은 것처럼 보이지만 독막로가 생기기 전인 1970년부터 이 자리를 지키고 있는 건물이다.

지분할이 이루어졌다. 독막로 62를 제외하면 이미 건물이 있는 땅이었으니 건물을 지으려고 토지분할을 한 것은 아니다. 더욱이 서로 떨어진 필지인데 모두 같은 해에 토지분할이 되었다면 이유는 하나뿐이다. 상수역 사거리의 독막로와 와우산로를 계획하면서 주택필지를 분할했던 것이다. 이후 항공사진을 살펴보니, 6조각을 스치며 도로가 만들어진다. 서강초등학교 주변의 1975년 항공사진과 1979년 항공사진을 비교해보자. 1978년 필지분할로 만들어진 독막로 형태를 따라 주택들이 헐렸다. 건축가 우대성이 제보한 독막로 107의 삼각형 건물이 대로변에 놓인 모습을 찾을 수 있다. 독막로 건너편 독막로 104도 건물이 잘려나가고 삼각형 형태로 남았다. 1982년 항공사진에서는 드디어 도로포장까지 마치고 지금과 비슷한 모습을 하고 있는 독막로를 확인할 수 있다. 독막로 107에 있는 삼각형의 건물은 새로 지은 건물처럼 유리로 깔끔하게 단장했지만 독막로가 생기기 전인 1970년부터 이 자리를 지키고 있는 건물이고, 이 건물 앞의 독막로 19길은 오래전부터 상수동의 중심 길이었다.

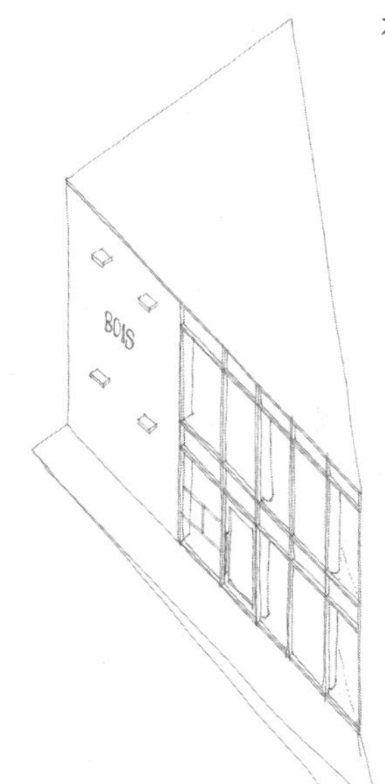

당인리선 철길 주변의 조각들은 어땠을까? 이전에는 골목 안 단독주택이었던 집들이 말끔하게 포장된 6차선의 독막로 옆에 면하게 되었다. 철길이 없어진 당인리 사거리에서 자동차의 회전

제비 다방
무단횡단금지
무단횡단금지
무단횡단금지

반경을 고려해서 모서리까지 잘려나간 두 필지가 눈에 띈다. 1970년 지어진 주택이 있던 독막로 61은 건물을 잘라내고 크게 수선을 했고, 빈 땅이었던 독막로 62에는 필지가 분할되자마자 1978년에 필지모양을 따라 지은 삼각형 형태의 신축건물이 들어섰다. 1969년에 신축된 단독주택이 있던 독막로 67은 독막로 쪽으로 건물 일부를 크게 잘라내고, 길과 나란하게 벽을 세웠다. 골목 안 주택이 대로변 상점으로 변신한 것이다.

1988년에 한 층 면적이 42.46㎡ 규모로 지어진 와우산로 24. 이곳을 제비다방이 지키고 있다.

1982년 동쪽과 서쪽을 나누고 있던 당인리선이 폐선되자마자 포장을 마치고 개통된 독막로와 달리 홍익대학교 입구에서 내려오는 남북방향의 와우산로는 진행이 지지부진했다. 덕분에 1983년 항공사진에는 제비다방 자리에 있던 기존 건물이 아직 남아 있다. 1988년 와우산로가 연장되면서 와우산로 24는 대부분 도로로 잘려나간다. 기존에 있던 골목과 새로 생긴 와우산로에 면하지만, 남은 면적은 90㎡뿐이다. 하지만 작다고 고민할 위치가 아니었을 것이다. 동쪽에 면한 독막로18길은 이전까지 상수동의 중심 도로였고, 새로 생긴 와우산로는 홍익대학교 정문까지 직선으로 이어지는 넓은 길이지 않는가? 길이 개통되자마자 기다렸다는 듯 1988년 새 건물이 들어선다. 지하 1층, 지상 3층 규

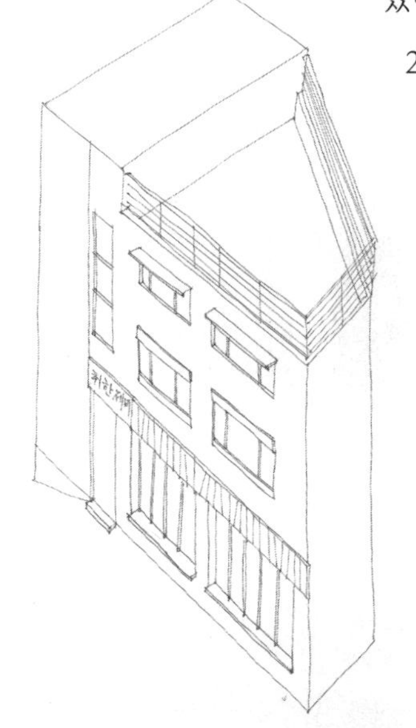

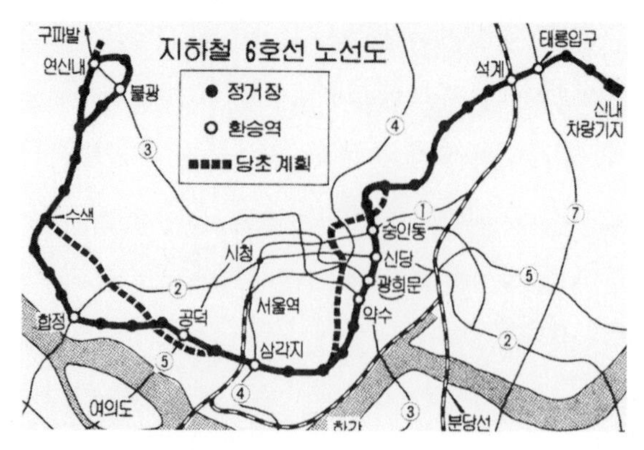

지하철 6호선 노선 확정을 알리는 기사와 함께 실린 6호선 노선도. 《조선일보》 1992년 4월 19일자

모인 이 건물은 한 층 면적이 42.46㎡에 불과하다. 계단실과 화장실을 제외하면 조금 큰 거실 정도니까 말이다. 작은 크기 때문에 큰 도로에 면한 입지는 나쁘지 않았지만, 강남 중심의 상권이 맹위를 떨치던 1980~90년대까지는 활용도가 높은 건물은 아니었을 것이다.

땅 위의 도로와 건물이 새롭게 자리를 잡아갈 무렵 땅속에서는 새로운 길이 준비되고 있었다. 1992년 독막로 아래를 지나는 지하철 6호선의 노선이 확정되고, 1994년 착공한 것이다. 2000년 지하철 6호선이 개통되면서 독막로와 와우산로가 교차하는 곳에 상수역이 생겼고, 2010년 독막로와 와우산로라는 도로명도 붙는다. 다양한 볼거리, 먹을거리, 즐길거리가 많은 곳으로 입소문이 퍼지면서 홍대주변에는 많은 젊은이가 모여들었다. 상수동은 서울의 핫플레이스가 되었다. 그리고 이 건물에 문화지형연구소(Cultural Topography Research) 씨티알(CTR)이 들어온 것은 2012년이다. 2층과 3층을 작업공간으로 쓰는 씨티알은 지하 1층과 1층을 직접 인테리어하고 직접 기획한 문화지형 사이트로 운영을 한다. 바로 '제비다방'이다. 시인이자 소설가이면서 건축가였던 이상이 당대의 예술가들과 술잔을 기울이고 커피를 마시며 교류했던 제비다방에서 차용한 이름이라고 한다. 건축을 전공한 작가 이상의 제비다방, 그 이름을 딴 제비다방에 건축을 전공한 뮤지션들의 공연을 보러간 나. 나는 지금 이상이 학창시절을 보내고 총독부 건축기수로 근무하던 서촌에 살며, 일하고 있지 않은가? 도시는 시대의 상황과 배경 그리고 그 속에서 삶을 살아가는 사람들의 관계가 쌓이고 쌓인 퇴적층 같다.

형님들의 블루스 음악을 들으면서 돌아다닌 상수동에서 이 시간의 퇴적층을 여럿 발견한 것은 즐거운 경험이었다.

한편으로 상수동의 오랜 옛길이 2010년 명명된 독막로의 이름에 숫자를 붙여 불리고 있는 것은 내심 속상했다. 독막로19길과 독막로18길 만큼은 오래된 옛길로서 독립적인 이름으로 불리면 어떨까 싶다. '상수옛길'같은? 도시의 조각들을 눈에 담고, 시간의 퍼즐을 맞춰보는 입장에서 상수동의 6조각은 상수동의 시간을 이어주는 중요한 연결고리처럼 보였다. 이 조각들이 상수동에서 조금 더 관심을 받고, 50년 뒤 흔적으로라도 남겨지기를 바란다. 이미 너무 많은 조각을 아파트단지들이 꿀꺽 삼켜버렸다.

혼돈의 종로3가, 살아남은 건축물 이야기

종로구 서순라길 21
(봉익동 60)

1976년생인 나에게 종로3가는 극장가였다. 대학 새내기였던 1996년과 1997년에 종로3가 단성사와 피카디리, 서울극장에서 영화를 본 기억이 있다. 레오나르도 디카프리오 주연의 〈로미오와 줄리엣〉, 톰 크루즈 주연의 〈미션 임파서블〉, 이완 맥그리거 주연의 〈트레인스포팅〉, 한석규 주연의 〈넘버3〉, 〈은행나무침대〉, 이정현 주연의 〈꽃잎〉…. 당시는 내가 영화감상 모임에 열심히 참여하던 때였다. 모임에서 단성사가 우리나라 최초의 영화로 알려진 〈의리적 구토〉를 개봉한 극장이라는 것, 이 영화의 단성사 개봉 일인 1919년 10월 27일을 기려 이 날을 "영화의 날"로 제정했다는 것도 알게 되었다. 극장 앞에는 손으로 그린 영화간판이 있었고, 날짜 도장이 찍힌 표를 들고 돌계단을 올라 영화를 관람했던 그 날이 내가 단성사를 볼 수 있는 마지막 날일 줄은 몰랐다. 복학 후 오래지 않은 2001년 9월 단성사는 철거된다. 1998년 11개 상영관을 갖춘 CGV 강변점을 시작으로 멀티플렉스 영화관 시대가 열리면서 내 경험도 옛 이야기가 되었다.

극장에 대한 내 경험은 이렇게 넘겨도 독립과 건국의 불씨를 살린 사건은 잊으면 안 된다. 1919년 3월 1일 오후 2시 인사동 태화관에 민족대표 33인이 속속 모였다. 우리나라가 독립국임을 선언하는 행사를 마친 민족대표 33인은 오후 4시경 태화관에서 모두 연행되었다. 같은 시각 인근 탑골공원에서 학생들이 민족대표를 기다리고 있었다. 민족대표들은 오지 못했지만 경신학교 출신 정재용이 팔각정에 올라 독립선언서를 낭독하자 천여 명의 학생이 만세를 외쳤다. 이렇게 시작된 3·1운동을 계기로 같은 해 4월 상해에서 대한민국 임시정부가 수립된다. 그리고 광복 후 대한민국 제헌 헌법은 3·1운동을 대한민국 건국의 기원으로 임시 정부의 법통을 계승한다고 천명한다. 이 정도면 대한민국의 뿌리가 종로3가에 있다고 할 수 있지 않은가?

세운상가 부지로 결정된 인현동의 판잣집 철거 모습. 1966년 8월.
출처: 서울사진아카이브

종삼과 나비작전

종로3가에는 한국건축에서 꼽을 만한 중요한 건물이 있다. 건축가 김수근이 설계한 세운상가다. 세운상가가 들어선 자리를 이야기하려면 태평양전쟁 막바지로 거슬러 올라가야 한다. 1945년 3월 10일 미군의 도쿄대공습은 일본을 충격에 빠트렸다. 일본은 미군의 폭격에 대비하기 위해 특정 구간의 모든 것을 철거하고 비워놓는 소개(疏開)를 추진한다. 한반도에도 서울, 부산, 평양, 대전, 대구 등 주요 도시에 소개공지대를 지정했다. 서울에서는 1945년 5월부터 6월까지 1차 소개 작업을 진행했다. 종묘 앞에서 필동까지 폭 50m, 길이 1,180m 규모의 세운상가 자리가 생긴 배경이다. 일제는 곧 패망하고 더 이상 소개 작업은 없었다. 광복 후 얼마 지나지 않아 일어난 한국전쟁이 끝나자 이 넓은 소개공지대에 피난민이 자리를 잡았다. 일거리를 찾아 상경한 사람들은 종로에도 몰려들었다. 1966년 서울시장에 부임한 김현옥은 종묘 앞 소개공지대에 있는 판자촌을 모두 철거하고, 1km에 달하는 대규모 주상복합 건물을 계획, 착공 2년만인 1968년에 완공했다. 김현옥 시장은 '세운상가'라는 이름을 붙인다. '세계의 기운이 이곳으로 모인다'는 기원을 담아서.

1970년대의 세운상가와 종묘 ©김한용

안타깝게도 1960년대 종로3가는 한국영화의 뿌리나 독립운동의 뿌리라는 상징적인 의미의 장소와는 거리가 멀었다. 국내 최대 규모 사창가인 '종삼'이 나날이 확장하고 있었다. 골목에서는 남성의 소매를 잡고 호객하는 모습이 다반사였고, 일을 마친 남성은 삼삼오오 '종삼'으로 몰려가는 것이 당연했다고 한다. 최일남의 단편 〈서울의 초상〉(1983)에는 이런 '종삼'의 모습이 잘 묘사되어 있다. 이런 모습의 '종삼'이 나라의 현대화를 상징하는 세운상가 바로 코 앞에 존재하는 것은 김현옥 시장에게 눈엣가시 같았을지 모르겠다.

일명 '나비작전'은 이때 단행된다. 꽃을 찾아가는 나비를 잡겠다는 나비작전은 종삼을 찾는 남성들을 단속하는 일이었다. 종삼의 길목에서 경찰은 이곳을 지나는 남성을 무작위로 검문하고 이렇게 확보된 명

1984년 종묘 삼문 앞에서 시작된 철거는 서순라길 21의 동쪽을 잘라내고 마무리된다.

단을 공개한다고 발표했다. 성매매를 해서가 아니라 종삼을 걸어다니기만 해도 심문을 받고 이름이 공개되니 종삼을 찾는 발길은 끊어졌고 영업을 하던 여성들은 종삼을 떠났다. 이런 시대적 배경 때문일까? 종로3가의 골목과 밀집된 주택들은 역사도시의 모습이 아닌 혐오와 철거의 대상이 되어버린 것 같다.

도시 변화를 읽을 수 있는 단서, 서순라길 21

서순라길 21(봉익동 60)은 철거의 칼날에 잘려나간 모습을 그대로 보여준다. 서순라길 21의 건축물대장에는 허가, 준공, 사용승인 날짜가 비어 있다. 언제 어떻게 지어졌는지 알 수 없는 건물이다. 다만 목조단층건물로 기록되어 있어 광복이전부터 있었을 것으로 추측해볼 뿐이다. 나비작전 이후 1978년에 필지분할이 되는데 지적도 위에 그려진 철거범위 선이 서순라길 21 건물을 잘라낸 것이다. 세운상가와 종묘

사이에 있던 한옥들은 1984년에 철거된다. 종묘 삼문 앞에서 시작된 철거는 서순라길 21 건물의 동쪽을 잘라내고 마무리된다. 한옥과 골목이 사라진 자리는 자동차가 빼곡하게 주차되고, 한쪽에는 벤치가 놓인다. 종묘공원과 종묘공영주차장이다. 종묘광장공원과 종묘공영주차장은 이후에도 여러 차례 공사가 반복되었고, 지금은 지하화된 주차장 위에 종묘광장공원이 조성되었지만, 공원의 절반은 주차장 진출입로에 막혀 종로에서 접근할 수 없는 기괴한 광장이 되어버렸다.

서순라길 21에 남아있는 건물의 상황도 힘겨워 보인다. 2002년 무단 대수선으로 위반건축물이 되었고, 2015년에는 옥상 무단 증축으로 다시 위반건축물이 된다. 신축을 한다면, 남아있는 좁은 땅에 지금과 같은 면적의 건축물을 지을 수 없다. 1층을 지금 정도 면적으로 사용하려면, 잘려나가고 남은 부분을 어떻게든 사용할 수밖에 없는 진퇴양난의 상황이다. 부분 철거 이전의 목조건축물이 어떤 모습이었는

와치 114
· 시계재료
· 메탈밴드
· 시계수리
· 배터리
· 가죽밴드
· 조이덴 브랜드
삼정상가 1층 매장 ☎ 2217-0155
명품 시계수리
ROLEX OMEGA Cartier
와치 114
(수리부)
010.9183.2800
명품시계수리
010.9183.2800

지 알 수 없을 정도로 외관이 크게 변경되었다. 설령 기존 목구조를 살린다고 하더라도 이런 건물은 견고하고 쓸 만한 목재를 사용하지 않았을 가능성이 높다. 복원이나 복구의 가치가 크지 않을 것이다. 남은 가치는 골목과 필지의 형태다. 현행 건축법을 따라 신축을 한다면, 서순라길 21에 지어질 건물은 지금과 달리 가로나 필지 모양과는 무관한 모습이 될 가능성이 높다. 일반적으로 적용하는 건축법을 이런 필지와 건축물에 획일적으로 적용하는 것이 적절할까?

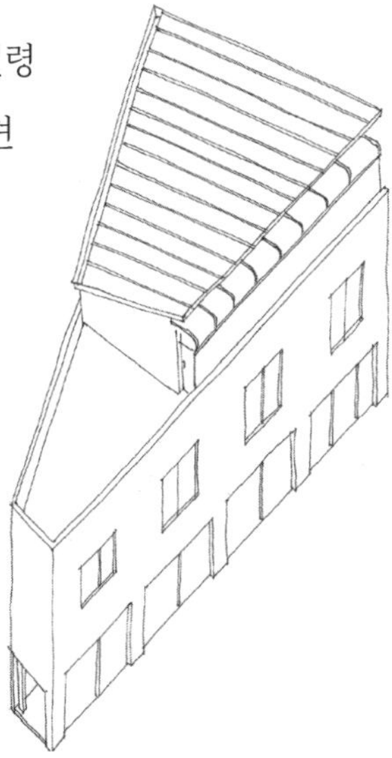

인근의 익선동은 현대 도심 속 옛 조직을 새로운 세대가 어떻게 수용하는지 보여주고 있다. 전통의 고수나 현대화의 무자비한 개발이라는 양분된 극단적인 방법이 아닌 상처를 봉합하고 유연하게 변화를 수용하는 현명함이 필요하다. 종묘를 지나면 이 건물의 변화를 통해 우리 도시가 어떻게 변하는지 가늠해 볼 수 있을 것이다.

변화에 대응하는 또 다른 방법

골목에서 벗어나 조금 큰길로 나오면 서순라길 21과 상반되는 방법으로 변화의 파도를 넘고 있는 건물이 있다. 돈화문로11길 9(돈의동 62)이다. 초기 항공사진인 1972년 사진을 보면 이미 큰 건물이 있다. 주변의 작은 한옥과는 층수와 규모에서 확연한 차이가 보인다. 종로의 이면이지만 이 지역의 개발과 도로 확장 등 변화를 예견이라도 한 듯 돈화문로 옆에 일찍이 현대적인 건물을 지었다. 돈화문로11길이 온전

돈화문로11길 9에는 돈화문로11길이 온전히 모습을 갖추기 전부터 큰 건물이 자리하고 있었다. 발 빠르게 도로 신설에 대응했던 것처럼 지하철 시대 적응도 단호해 건물을 철거하고 돈화문로11길에 자리를 내어준다.

히 모습을 갖추기 전이다. 1975년에서야 도로 직선화와 확폭을 위해 주택들이 철거되기 시작한다. 어차피 생길 도로라면 먼저 철거하고 새 건물을 지어 신설도로를 맞이하겠다는 태도 같다. 돈화문로11길이 모습을 갖춘 1979년 사진에는 이런 태도에 부응이라도 하듯 돈화문로 11길 9 건물을 따라 신축건물이 늘어섰고, 그 앞에는 도열하듯 주차된 자동차가 빼곡하다. 바야흐로 자동차의 시대를 맞이한 것이다. 발 빠른 적응이 빛을 발하는 순간이다.

하지만 서울의 변화 속도는 생각보다 빨랐다. 20년이 지난 1993년 돈화문로11길 9 앞 도로에는 자동차가 보이지 않는다. 도로 위에선 지하철 5호선 종로3가역 토목공사가 한창이다. 자동차 시대 적응이 빨랐던 만큼 돈화문로11길 9의 지하철 시대 적응은 단호하다. 돈화문로 11길에서 가장 규모가 크고, 일찍 지어진 건물을 철거한 것이다. 그 대

신 지하철 출구와 환기구 설치를 위해 땅이 필요했던 돈화문로11길에 그 자리를 내어준다. 단성사에서 〈꽃잎〉을 개봉한 1996년 겨울, 지하철 5호선 종로3가역이 개통했다. 그리고 이듬해인 1997년 건축허가를 받은 돈화문로11길 9는 내가 군대에 입대한 1998년 1월에 사용승인을 받았다. 목 좋은 종로3가역 3번출구 앞이다.

LEMON TREE
7 ELEVEN
피로회복,
자양강장!
원비-디
한양국악사·피리사

건물 뒤쪽에는 조선시대부터 있었던 종로3가의 주거지 골목이 있고, 건물 앞쪽에는 새로 만들어진 돈화문로11길과 지하철 출구가 있다. 옛 도시조직과 새로운 도시 시설물 사이에 놓인 돈화문로11길 9는 적극적인 변신으로 적응하는 방법을 택했다. 바로 철거와 신축을 반복하는 것이다. 건축물의 수명은 몇 년이라고 단언하기 힘들다. 판테온처럼 2000년을 넘긴 콘크리트 건물이 있는가 하면 자산적 가치의 수명을 다해 20년을 못 넘기고 철거되는 아파트도 있기 때문이다. 돈화문로11길 9의 적극적 대응이 방파제가 되었는지 이 건물 뒤에는 종로3가 주변에서도 찾아보기 힘든 쪽방촌 골목조직이 아직 남아 있다.

보존? 보전? 철거? 개발?

최근 세운상가 리모델링이 한창이다. 종묘 주변의 순라길과 돈화문로 양쪽에 남아 있는 피맛길도 주목받고 있다. 익선동에서는 지금까지와는 다른 모습의 한옥상권이 롤러코스터를 타고 있다. 우리 도시는 지금도 급변하고 있고 앞으로도 그럴 것이다. 언제든 다시 올 수 있을 줄 알았던 단성사 극장이 없어진 건 끝내 아쉽고, 탑골공원의 원각사지 10층석탑을 덮은 철골유리 보호각은 보호와 숨김 중에서 어떤 의미인지 모르겠다. 보존과 보전, 철거와 개발 어느 쪽이 적절하고 옳은 방향일까? 정답이 없을지 모르겠지만 종로3가에 오면 항상 고민되는 부분이다.

시간의 문을 여는 길

강동구 천호옛길 98
(성내동 50-5)

1994년 11월 29일. 서울은 정도 600년을 맞았다. 조선의 태조가 고려의 수도인 개성에서 한양으로 수도를 옮긴 시점을 기준으로 600년을 계산한 것이다. 당시에 크고 작은 행사가 많이 열렸다. 기억에 남는 이벤트는 타임캡슐이다. 당시 서울의 모습과 시민의 생활을 대표하는 문물 600점을 캡슐에 담아 서울 정도 1000년이 되는 2394년 11월 29일 개봉하기로 하고 매장하는 행사였다. 종로구 필동, 남산골한옥마을 안쪽, 서울천년타임캡슐광장에 있다. 그런데 2년 뒤 우연한 발견으로 인해 서울시의 이 1000년 프로젝트가 머쓱하게 되었다.

1997년 1월 1일. 풍성로18길 12(풍납동 231-2) 일대의 아파트 공사현장에 널려있는 검은 토층과 목탄, 토기 파편을 풍납토성을 조사하던 선문대 학술조사팀이 확인한다. 그리고 설 연휴가 끝나자 긴급 발굴조사를 시작한다. 여기서 백제의 왕경(王京) 유적이 드러난 것이다. 풍납토성은 이전부터 백제의 수도인 위례성이라고 추측하는 학자가 있었다. 1925년 을축년 대홍수 때 풍납토성의 유실된 부분을 보고 이곳을 백제의 위례성으로 보는 일본학자의 견해가 있었고, 1960년대 서울대 고고학부의 조사에서도 많은 유물을 확인하고 그 가능성을 보았다. 하지만 한강에 너무 가까워 홍수의 위험이 크고 평지 성이어서 방어가 불리하다는 이유로 위례성이 아닌 것으로 평가했다. 그런데 1997년 조사에서 추가 유물이 확인되고, 2006년에는 왕성에 있는 성 내부의 십자형태의 대로가 풍납토성 중심부에서 발견되면서 이제는 풍납토성이 한성백제의 수도인 위례성이라는 것이 정설이 되었다. 백제가 기원전 18년 한강하류에 도읍을 정해 건국했다는 《삼국사기》의 기록에 따르면, 서울은 정도 600주년 기념행사를 했던 1994년에 이미 수도로 정한 지 2000년 넘은 도시였다.

풍납토성. 출처: 문화재청 국가문화유산포털

서울은 두 개의 왕성을 품고 있는 도시이다. 백제의 왕성인 풍납토성과 조선의 왕성인 한양도성. 한양도성은 일제강점기에 많은 구간이 훼철되긴 했지만, 지금도 숭례문과 흥인지문을 비롯해서 많은 성문과 성곽이 남아 있다. 일부 구간에서는 아직도 현역 군인이 군사 목적으로 보초를 서고 있으니 현재까지도 기능을 유지하고 있다고 볼 수 있다.

뿐만 아니라 한양도성은 지명에도 많은 영향을 미쳤다. 동대문구와 서대문구는 한양도성의 성문 이름을 그대로 지명으로 했고 성북구와 성동구는 각각 한양도성의 북쪽과 동쪽에 있다고 붙인 지명이다. 이와 비교하면 2000년 역사의 풍납토성이 왕성이었음을 알게 된 지 이

제 겨우 20년 조금 넘었을 뿐이다. 그나마 풍납토성이 2000년 넘게 그 모습을 유지하고 있어서 성 안쪽 마을이라는 의미의 성안말, 안말이라는 지명을 사용한다는 게 다행이라면 다행 아닐까. 행정구역 명칭 또한 성내동이다. 2000년 왕성에게 미안하면서도 다행스러운 지명이다.

서울의 가장 오래된 중심지, 성내동

풍납토성이 백제의 왕성인 것은 몰랐더라도 이 지역은 한강 하류에서 오래도록 중요한 지역이었다. 한강 하류의 두 번째 인도교가 바로 풍납토성 옆에 있는 광진교라는 것이 그 반증이다. 한강 하류의 첫 번째 다리는 1900년에 개통된 한강철교다. 사람과 차량이 지날 수 있는 첫 번째 인도교는 1917년 개통된 한강대교(제1한강교)이다. 그 다음이 바로 1936년에 개통된 광진교이다. 양화대교(제2한강교)가 1965년이 되어서야 개통된 것을 생각하면, 광진교의 위상과 광진교 남쪽인 강동구 지역의 지리적 중요성을 간접적으로 확인할 수 있다. 역사적으로는 풍납토성이 그 위상을 보여준다. 2012년 개관한 한성백제박물관에는 493년간 백제의 왕성이었던 풍납토성을 1:1 크기로 옮긴 모형이 있다. 실제 크기에서 느껴지는 풍납토성의 웅장함에 놀라고, 배수로 시설 등 다양한 발굴 유물에서 2000년 전 이 지역의 첨단 도시 시스템에 한 번 더 놀란다. 6000년 전 유적인 암사동 선사유적 이야기까지 올라가지 않아도 충분하겠다. 서울에서 가장 오래된 중심지가 바로 강동구 지역이고, 그 중에서도 성내동인 것이다.

성내동을 지나다 우연히 천호옛길에 들어섰을 때 처음에는 눈을 의심했다. 사대문 안에서 보던 골목이 천호옛길 옆으로 계속 보였다. 천호옛길에서 이어지는 작은 골목들을 바라보며 급한 마음에 눈에 띄

서울에서 가장 오래된 동네답게 천호옛길에서는 작은 골목들이 이어진다.

는 주차장에 주차를 했다. 지도를 살펴보니 곧게 뻗은 올림픽대로와 천호대로 사이에 굽이굽이 풍납토성까지 이어지는 천호옛14길이 눈에 띄었고, 천호옛14길과 교차하는 성내동 주꾸미 골목이 흥미로웠다. 보물찾기를 앞둔 어린아이처럼 심장이 콩닥거렸다. 그날 내가 찾은 보물은 천호옛길 98(성내동 50-5)과 천호대로158길 14(성내동 50-25) 그리고 천호옛14길 14(성내동 33-1)였다.

천호옛길의 보물 1: 천호옛길 98

천호옛길 98은 천호옛길과 성내동 주꾸미 골목이 만나는 모서리에 있다. 천호옛길은 1936년 광진교가 개통되며 만들어진 구천면로의 천호시장 사거리를 향해 곧게 이어진 길이다. 당시 만들어진 신작로였다. 반면 성내동 주꾸미 골목은 성내동의 마을길이었다. 신작로인 천호옛길이 성내동을 지나면서 마을길을 끊고 지나간 것이다. 천호옛길

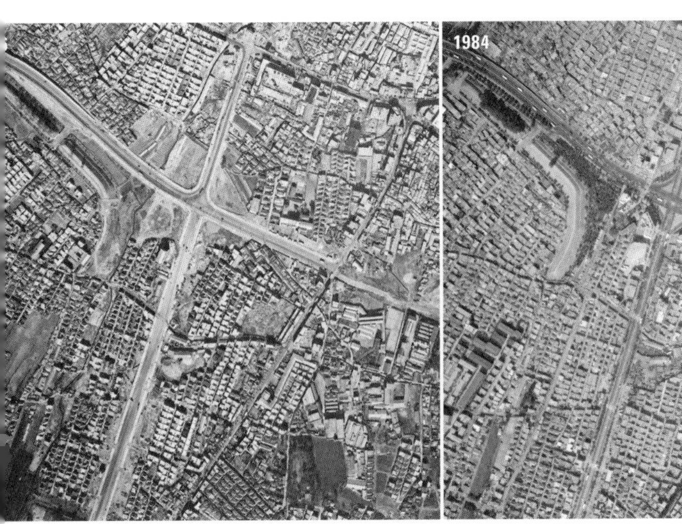

98의 건축물대장은 이 건물이 1962년 준공되었다고 말해준다. 1974년 항공사진을 확인해보니, 천호시장 교차로에서 천호옛길을 따라 내려오면 이 건물이 날카로운 입면을 빼꼼 내밀고 있었다. 당시에 이 정도의 철근콘크리트 건물이 지어졌으니 이정표 같은 랜드마크 역할을 충분히 했을 것이다. 1976년 천호대교가 개통하고 천호대로가 천호옛길 98 앞을 아슬아슬 스치고 지나간다. 왕복8차선의 천호대로가 앞을 열어주니 성내동 주꾸미 골목을 지키는 수문장처럼 되었다.

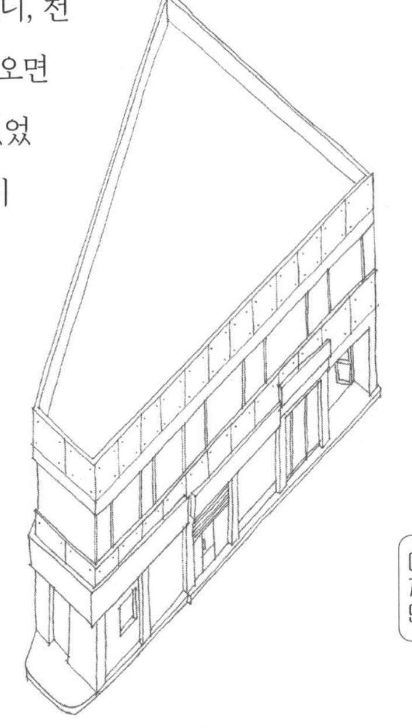

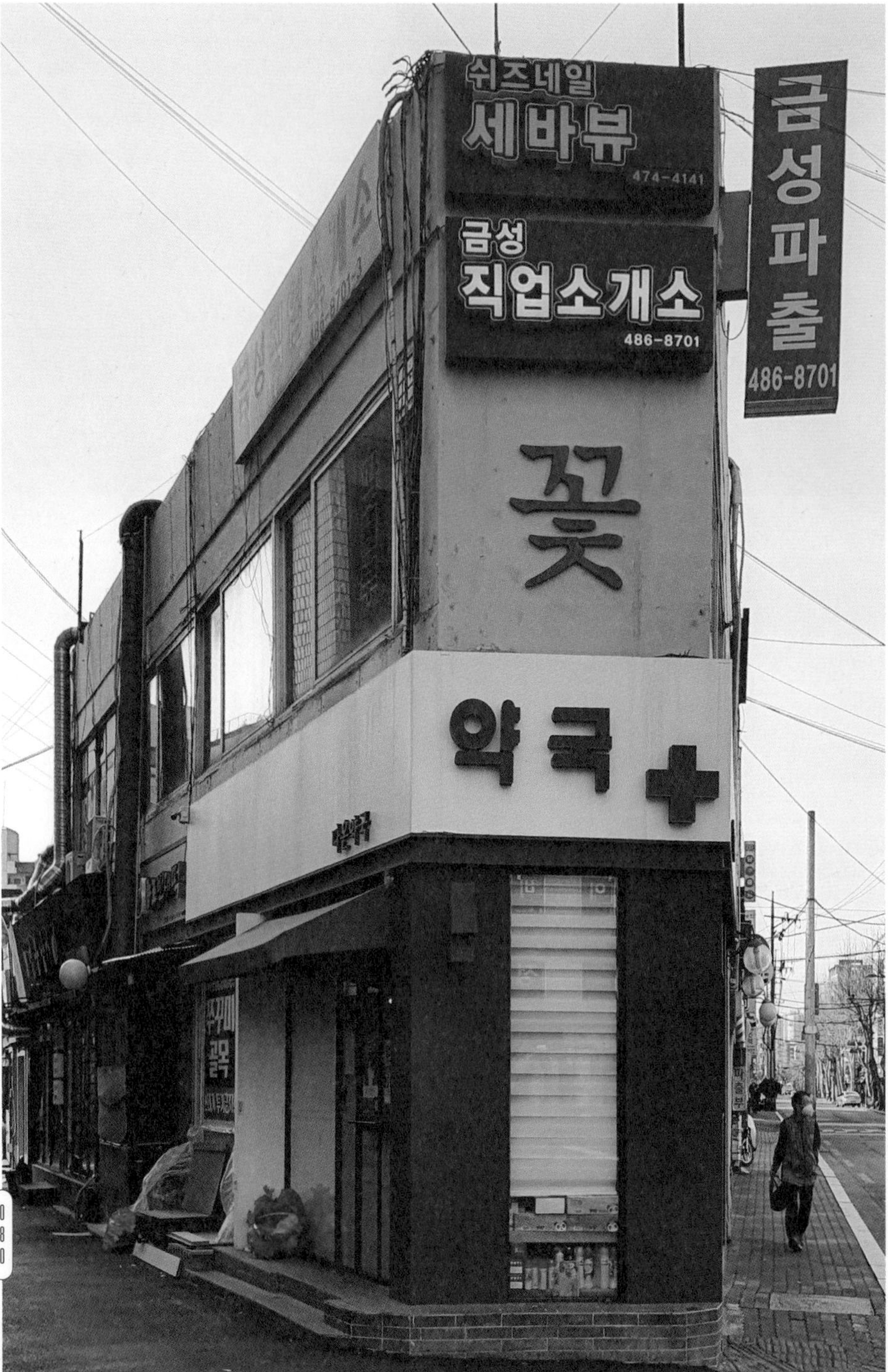
쉬즈네일
세바뷰
474-4141
금성
직업소개소
486-8701
금성파출
486-8701
꽃
약국
쭈꾸미
골목

천호옛길의 보물 2: 천호대로158길 14

천호대로158길 14는 성내동 주꾸미 골목 안쪽에서 마주쳤다. 자동차가 지나가지 못하는 옛 골목이 예각으로 교차하는 천호대로158길 14는 얼마 남지 않은 성내동의 오래된 필지다. 건축물은 1983년에 사용승인을 받았지만, 골목과 필지의 모양으로 이전부터 오래도록 주택이 있었음을 알 수 있었다. 1983년 항공사진에서 이전의 건물을 확인할 수 있다. 네모난 양식주택이 넓은 쪽에 앉아 있고, 남쪽의 모서리에는 조경을 한 마당이 있었다. 천호대교 개통으로 천호대로와 올림픽대로가 생기면서 유동인구도 많아지고 거주자도 많아졌겠다. 1984년 항공사진에서 주택과 함께 수목이 있던 마당은 없어지고 필지를 꽉 채운 근린생활시설(소매점)이 들어섰다. 천호대로의 호(戶)자는 호구(戶口)조사나 아파트 몇 동 몇 호(戶)할 때 호(戶)와 같다. '호(戶)'는 집을 뜻한다. 그래서 천호(千戶)는 집이 1,000개나 되는 큰 마을이라는 의미로 볼 수 있는데, 아이러니하게도 천호대로158길 14의 집은 더 많은 집이 들어선 '천호(千戶)대로' 길목에서 집으로 남지 못하고 근린생활시설이 되었다. 길목의 운명인가 보다.

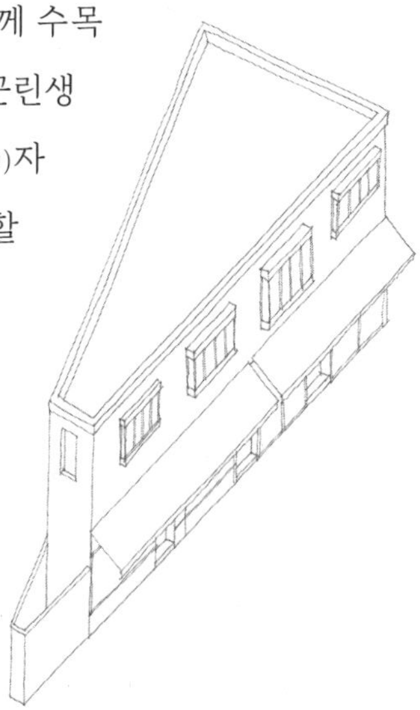

천호옛길의 보물 3: 천호옛14길 14

가장 늦었지만 천호대로에서부터 조금씩 조금씩 안쪽으로 들어오는 개발의 물결이 천호옛14길 14까지 미친 것은 1992년이었다. 풍납토

쭈꾸미
치킨
호프

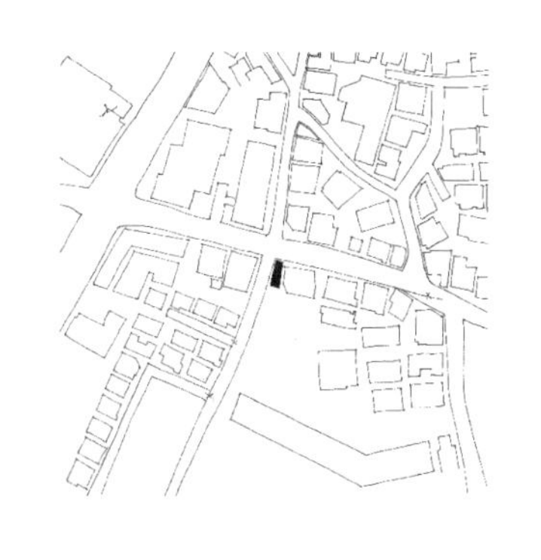

성으로 이어지는 천호옛14길에 접한 이 땅에는 반듯한 단층주택이 나란히 자리잡고 있었다. 근린상권이 형성되고 차량통행이 많아지자 천호옛14길의 주택들은 하나씩 둘씩 소규모 상가로 재건축되었고, 그러면서 천호옛14길은 사람이 다니던 골목에서 차량이 교차하는 도로로 폭이 넓어진다. 1991년에는 천호옛14길 14와 옆집만 주택으로 남아있고 천호옛14길이 집앞에서 호리병처럼 좁아지는 모습이 보인다. 이듬해인 1992년, 이 마지막 두 집도 소규모 상가로 재건축되고 길이 넓어진다. 그런데 모양새가 이상하다. 인접한 천호옛14길 20(성내동 32-1)과 천호옛14길 16(성내동32-6)은 각각 238㎡, 224㎡ 면적으로 소규모 건물을 계획하기 적당하게 필지를 나누고, 천호옛14길 14는 마치 쭉정이 버리듯 90㎡로 남겼다. 똑같이 3등분 하면 모두 이상하니 일반적인 필지 2개와 버리는 필지 1개로 계산기를 두드린 것 같다. 덕분에 천호옛14길 14에는 귀여운 꼬마 건물이 들어섰고, 나와 만났다.

천호옛14길 14 꼬마 건물은 풍납토성 안으로 이어지는 천호옛14길에 있다. 이 길은 구불구불하지만 1970년대 새로 생긴 천호대로나 올림픽대로는 물론이고 1930년대 광진교와 함께 생긴 천호옛길보다도 오래된 진짜 옛길이다. 강동구의 길 중에서 가장 역사가 짧은 천호대로와 올림픽대로라는 길 이름으로 오랜 길의 이름을 붙인 것은 그래서 아쉽다. 천호옛14길은 동쪽으로 천호대로168가길, 서쪽으로 올림픽로62길과 이어지고, 풍납토성 쪽의 바람드리길과 모두 하나로 이어진다. 본래 하나의 길이었는데, 천호옛길이 생기고 올림픽대로가

산후
산전
東 현대 공인중개사 사무소
T. 485-8686
대표 : 정회진
현대 부동산
485-8686
아파트.주택 ◈ 상가.점포 ◈ 사무실.오피스텔
현대
어서오세요
부동산
14
16

생기면서 토막났다. 토막난 길은 여전히 이어지고 있지만 토막난 구간마다 따로따로 이름이 붙은 것이다. 비단 이 길만의 상황은 아니다. 전국의 옛길이 새로 생긴 대로에서 끊기고 번호가 붙는 엉뚱한 이름으로 해체되었다.

풍납토성이 있는 성내동 일대는 2,000년 전인 삼국시대부터 한 나라의 왕성으로 도시가 형성된 유서 깊은 도심지다. 이런 사실이 학술적으로 확인된 것이 비록 20년 정도밖에 되지 않았지만, 땅위의 길과 필지들은 그 역사와 시간을 말없이 보여주고 있다. 우연한 기회로 천호옛길에 들어섰다가 마법에 걸린 것처럼 시간 여행을 한 나는 집으로 돌아와 자료를 찾아보고 비교해보며 들뜬 마음을 가라앉혔다. 하지만 가슴 한쪽이 아렸다. 지금까지 올림픽대로나 천호대로를 지나면서 차창 너머로 본 짧은 경험만으로 강남과 강동구 지역을 색안경 끼고 봤던 스스로가 부끄러웠다.

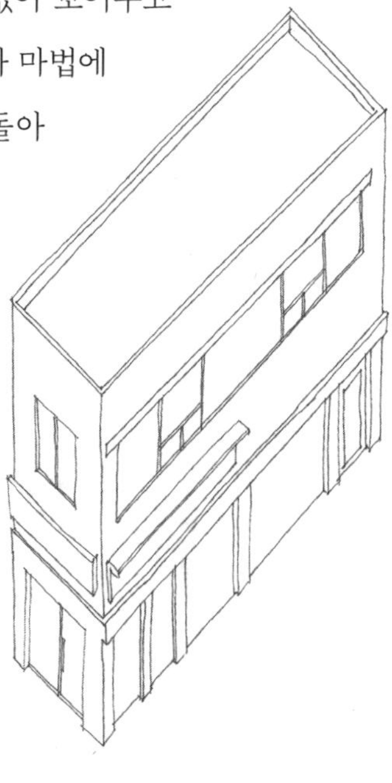

0 2 4 6 8 10 km

2

1

3

5

4

1 자하문로 97(신교동 82-3)
자하문로 31(통인동 147-10)
자한문로 2(적선동 106-3)

2 자하문로 249(부암동 159)

3 사직로 127(적선동 93-4)

4 세종대로 27(봉래동1가 104-1)

5 퇴계로 453(황학동 2475)

도로가 남긴 상처

자하문로
확장의 흔적

종로구 자하문로 2
(적선동 106-3)

서촌의 한복판을 북에서 남으로 가로질러 흐르던 백운동천이 복개되어 길이 되었다. 이 길은 1978년에 4차선 도로로 확장되었다. 600년 역사의 서촌에 가장 큰 변화를 가져온 이 길은 추사 김정희의 집터가 있었다고 해서 '추사로'라고 했다. 1984년 가로 명을 제정할 때 붙인 이름이다. 하지만 2년 뒤, 1986년에 '자하문길'로 개칭되고, 한참 시간이 지난 2010년에 다시 '자하문로'로 바꾸었다. 예부터 이 지역을 부르던 '자하'라는 이름으로 되돌린 것이라는데, '자하'는 무엇이고 '자하문'은 어디일까?

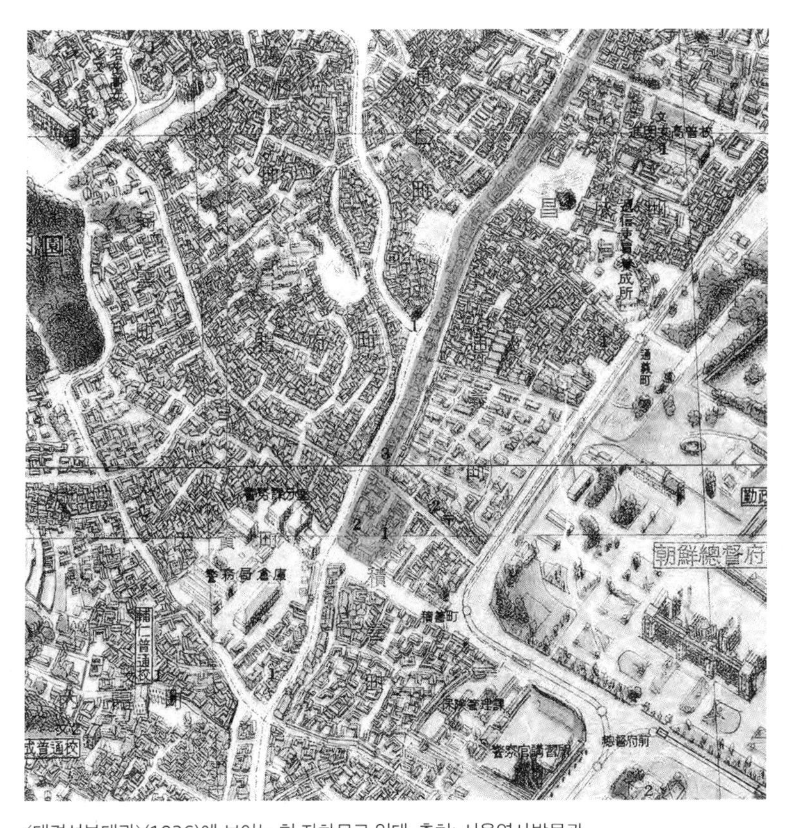

〈대경성부대관〉(1936)에 보이는 현 자하문로 일대. 출처: 서울역사박물관

일부 바뀌긴 했지만 아직 옛 도시조직이 남아있던 자하문로 일대는 1978년 확장공사 이후 크게 변한다.

청운, 백운, 자하

서촌에는 많은 문이 있으니 '자하문로'는 그 중에서 따왔을 것이라고 생각했다. 서촌에는 경복궁의 서문인 영추문과 북문인 신무문 그리고 한양도성의 북소문인 창의문이 있다. 한양도성에는 4개의 대문(숭례문, 흥인지문, 돈의문, 숙정문)과 4개의 소문(광희문, 혜화문, 소의문, 창의문)이 있다. 서울성곽 안 정궁인 경복궁에도 4개의 대문(광화문, 건춘문, 영추문, 신무문)과 함께 많은 문이 있다.

그런데 '자하문'은 없다. 청운동에 흐르던 백운동천을 복개한 도로가 '자하문로'라는 점에서 연관된 서촌의 지명을 같이 생각해 보니, 학창 시절 선생님께 꾸지람을 들으며 암송했던 박목월 시인의 시 〈청노루〉가 떠올랐다. "머언산 청운사 / 낡은 기와집 / 산은 자하산 / 봄눈 녹으면, …" 그리고 경주에 있는 불국사도 생각났다. 불국사의 청운교, 백

운교 위에는 다보탑과 석가탑이 있는 곳으로 들어갈 수 있는 자하문이 있다. 설마 저 멀리 경주에 있는 자하문에서 이름을 가져와 서촌의 도로 이름을 지었을까? 서촌에 청운동과 백운동천이 있다는 걸 생각하면 전혀 아닐거라고 단정하기도 어렵다. 이런저런 생각이 꼬리에 꼬리를 물었다. 아무튼 시에도 나오고 절에서도 볼 수 있는 이름이니 의미를 찾아봤다. '자하(紫霞)'의 한자 뜻풀이는 보랏빛 안개이다. 불교에서는 부처의 몸에서 뿜어 나오는 자색 광명으로 진리의 세계나 이상향을 뜻한다고 한다. 불교국가였던 고려의 수도 개성에 명승지로 자하동이 있었다고 한다. 그래서일까? 한양에도 청운동, 백운동천이라는 이름을 붙이고, 개성으로 이어지는 도성의 북소문인 창의문(彰義門)을 예부터 '자하문'이라고 불렀다는 이야기를 접했다.

이제야 궁금증이 풀린다. 창의문의 또 다른 이름인 자하문. 자하문로는 여기서 따온 도로 이름이었다. 보랏빛 안개, 자하문. 정말 시적이고 감성적인 이름 아닌가.

자하문로의 시작점, 상처받은 자하문로 2

이렇게 아름다운 이름을 가진 길이지만 자하문로가 만들어질 때 주변 건물은 참담했을 것이다. 2차선 도로인 자하문길은 당시 폭발적으로 늘어나는 차량을 감당하기에는 좁았다. 1978년 4차선으로 확장

HANBOK QUEEN
한복퀸
KOREAN TRADITIONAL CLOTHES
韓服
出租
HANBOK QUEEN
KOREAN TRADITIONAL
CLOTHES
#경복궁 한복대여
#HANBOK RENTAL
#韓服出租店
#韓服レンタル店
~10,000Won

을 결정한다. 도로를 확장할 때 자하문길 양쪽에 늘어서 있던 집도 철거된다. 철거된 집은 흔적도 남지 않거나 한쪽이 잘려 나갔다. 잘려나간 부분을 어떻게든 추스른 건물 일부만 살아남았다.

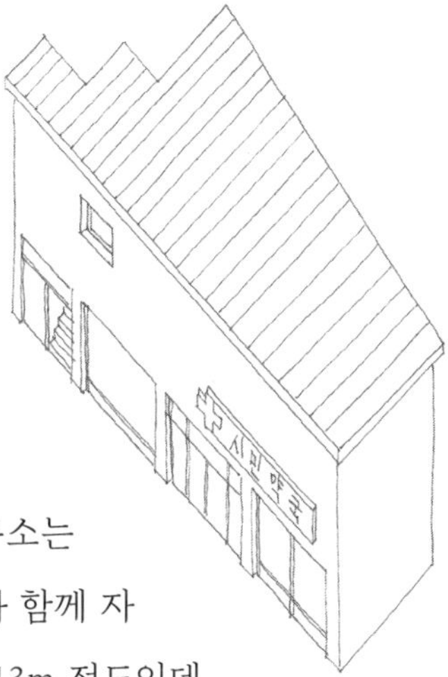

경복궁역 3번 출구로 나오면 박힌 돌처럼 홀로 튀어나온 작은 건물과 마주친다. 주소는 자하문로 2이다. 길 건너 자하문로 1 건물과 함께 자하문로의 시작점에 있는 건물이다. 길이는 13m 정도인데, 폭은 3m에 못 미친다. 1층 약국 문을 열고 들어서면, 바로 약사와 마주하게 된다. 2층에 오르는 계단은 보행로에 붙어서 시작되는데, ㄱ자로 꺾인 좁고 가파른 계단을 올라가면 작은 2층 공간이 나온다. 1층의 한쪽 끝에는 사람이 들어가서 무언가 할 수 없을 정도로 작은 자투리 공간이 있다. 2층 작은 공간에서는 감사패나 트로피를 제작하는 업체가 상당기간 영업을 했는데, 계단 옆 자투리 공간에 상품을 진열하고 전시를 했다. 2018년에 잠시 이곳에서 영업을 했던 디자인 문구 업체인 '7321 story'와 2018년부터 영업 중인 한복 대여점도 역시 1층 자투리 공간을 일종의 상품 전시대처럼 사용하고 있다. 상처받은 땅과 건축물에서만 나타나는 독특한 공간이 있는 자하문로의 첫 번째 건물이다. 주차장이 없는 것은 이해하는데, 화장실이 없는 것 같아 괜히 걱정이다.

울며 겨자 먹은 자하문로 31

자하문로를 따라 북쪽으로 조금 올라가 보자. 새로 지어져 단정한

BUTLER.LEE
BUTLER.LEE 버틀러리
BUTLER.LEE

모습의 건물인데, 모양새가 낯설다. 자하문로 31(통인동 147-10) 건물은 건축물대장을 확인해보면 2015년에 지어졌다. 공사가 한창이던 2013년 이전의 로드뷰를 살펴보면 자하문로의 보행로에 바짝 붙어있는 2층 건물들이 보인다. 1층에는 동물병원, 문구점, 속옷가게, 열쇠집, 세탁소가 다닥다닥 붙어있다. 무려 5개나 된다. 도로에 면한 길이가 15m 정도이고, 안쪽으로 깊이가 6m 정도이니, 1층의 상점들은 3m 정도의 전면 폭을 가지고, 안쪽으로 6m 정도의 규모를 사용했을 것이다. 자동차 주차구역의 크기가 가로 2.5m, 세로 5m이니, 주차구획 1면보다 조금 큰 정도이다. 2015년에 새로 건물을 지을 때 고민이 많았을 것이다. 도시계획에 따르면 자하문로에서 새로 건물을 지으려면 도로(보행로)에서부터 3m를 비워두고 지어야 한다. 단순히 계산해도 6m 폭이던 기존 건물의 전면 3m를 포기하고 남은 3m 범위에서만 건물을 지을 수 있으니 얼마나 고민이 되었을까? 결국 3m를 뒤로 물러나고 남은 3m 폭 안에 건물을 지었다. 폭 3m, 길이 15m의 좁고 긴 3층 건물이 자하문로에 세워진 이유다. 자하문로에서 보면 넓게 펼쳐진 건물의 창가에만 사람들이 앉아 있다. 건물 출입구를 열어보면, 건물 안으로 들어가지 않아도 엘리베이터 버튼을 누를 수 있다. 건물 밖에서 잠시 기다렸다가 엘리베이터를 타고 2층에 내리면, 창가 자리만 있는 독특한 모습을 볼 수 있다. 모든 자리가 자하문로를 내

Ville
자하문로
97

려다볼 수 있는 창가 자리다. 건물 끝에 있는 계단은 이용하지 않는 것이 좋다. 경사도는 가파르고, ㄷ자로 꺾어 올라가는 계단은 사용하기 위해 만들었다기보다는 '계단도 있다'는데 의의를 둔 것 같다.

외로운 자하문로 97

자하문로가 개통되며 잘리고 남은 필지는 대부분 삼삼오오 합필되어 큰 건물이 들어섰다. 자하문로가 2차선이던 시절 자하문로 97(신교동 82-3)은 길가에 있던 집이 아니고, 골목 가장 안쪽의 끝 집이었다. 자하문로가 2차선에서 4차선으로 확장되면서 이 땅은 골목 끝, 막다른 땅에서 큰 길가에 면한 땅이 되었다. 1978년부터 1999년 사이에 어떤 변화가 있었는지 모르지만, 골목은 자하문로 97을 지나 자하문로로 이어졌고, 자하문로 97 땅의 한쪽이 골목으로 잘려 나갔다. 그리고 자하문로 97의 인접 필지에도 건물이 들어선다. 1999년 자하문

로 97-7에 다세대 건축물이 들어서고 2000년에는 자하문로 95-1이 건축 허가를 받는다. 자하문로 95-1에 건물이 들어선다면, 자하문로 97은 영락없이 집짓기 곤란한 자투리땅으로 남고 만다. 어떤 이유에서인지 자하문로 95-1은 공사를 바로 시작하지 않았던 것 같다. 건축허가가 났지만, 2년 가까이 공사가 시작되지 않은 사이 자하문로 97-7은 2002년 8월 건축허가를 받고 3개월 만에 건물을 지어버린다. 자하문로 95-1에는 4년이 지난 2006년에서야 다세대 건물이 준공된다. 당시의 상황을 확인할 길은 없지만, 자하문로가 확장되고 골목이 커지면서 양쪽으로 모두 잘려나간 자하문로 97은 사면초가의 난처한 상황이 되었을 것이다. 그럼에도 주변 필지와 합필하지 않고, 기어이 건물을 지어버렸다. 지금도 큰 건물과 큰 도로의 틈바구니에서 존재감을 드러내는 모습을 확인할 수 있다.

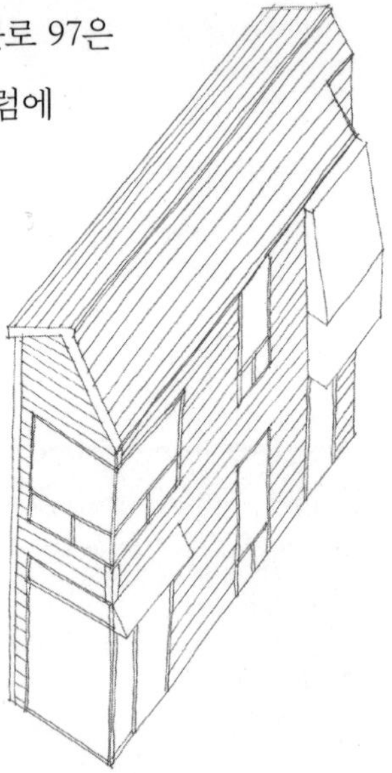

자하문로는 철학적이고 문학적인 아름다운 이름을 갖고 있지만, 개통 과정에서 서촌의 많은 땅과 집이 잘리거나 철거되었다. 그럼에도 서촌의 땅과 건축물은 스스로 치유하고 어떻게든 살길을 찾고 있다.

건축허가에서 사용승인까지 4년

종로구 자하문로 249
(부암동 159)

북악산 북쪽 기슭 한적한 동네였던 부암동은 1978년 자하문로, 1986년 자하문터널 개통으로 도심 진입이 수월해진 동네가 되었다. 하지만 건물을 짓기 어려운 모양새로 잘린 자투리땅도 생겼다.

"네~ 평창동입니다."

1980년대 영화나 드라마에서 자주 나오던 대사였다. 회장님 댁은 왜 평창동에 있었을까?

지도에서 직선거리가 가깝더라도 중간에 산이 있으면 굽이굽이 돌아가야 한다. 가까워 보이지만, 시간적 거리는 멀다. 평창동은 북한산 비봉공원이 있던 곳이고, 부암동은 북악산 북쪽 기슭으로 서울 도심에 가깝지만 한적한 동네였다. 지도를 보면 종로구에 가깝지만 인왕산과 북악산이 가로막고 있으니 시내로 나가려면 남쪽이 아니라 서쪽 방향의 홍제동으로 돌아가야 했다. 그리고 무악재를 넘어 독립문과 서대문 터를 지나서 정동으로 가야 시내에 다다를 수 있었다. 그러니 행정구역상 서대문구 부암동, 서대문구 평창동인 것이 당연했고, 도심에서 멀리 떨어진 한적한 곳이었다. 1971년 북한산 비봉공원의 일부가 공원에서 해제되고, 민간에 고급주택지로 분양되면서 평창동에는 주택이 들어섰다. 평창동과 부암동은 1975년에 종로구 행정구역으로 편입된다. 1978년 자하문로가 개통되면서 도심 나들이가 수월해졌다. 1980년대 드라마에서 회장님 댁이나 부유한 집임을 암시하는 장치로 "네~ 평창동입니다."라고 하면서 전화를 받는 동네 평창동은 이렇게 만들어졌다.

상처투성이 자투리땅

자하문로가 확장 개통되면서 부암동과 평창동은 도심으로 이어지고, 행정구역도 종로구에 속하게 되었다. 하지만 경복고등학교 뒤쪽 급경사로를 올라서 자하문 옆을 지나는 창의문로만으로는 부족했나 보다. 부암동 아래를 관통해서 직선으로 도심을 잇는 자하문터널이 1984년 6월 착공해 2년여 만인 1986년 8월 개통된다. SF영화에서 웜홀을 통해 순식간에 행성 간 이동을 하는 것처럼, 평창동과 구기동에서 자하문터널을 통하면 순식간에 경복궁 그리고 세종대로에 닿을 수 있게 되었다. 자하문터널의 개통과 함께 자하문로도 확대 연장되는 과정에서 여러 필지가 도로에 편입된다. 도로 옆에 남은 필지는 적당히 합필하고 새로 건물을 지었다. 하지만 건물을 짓기 어려운 모양새로 잘린 땅도 생긴다.

자하문로 249 역시 자하문터널이 개통되고 자하문로가 연장되면서 상당 부분 도로에 편입되고 일부만 남은 땅이다. 서쪽으로 인왕산 자락의 경사지와 옛 골목에 면하고, 동쪽으로 새로 만들어진 넓은 자하문로를 접하고 있다. 한쪽은 도로이고 다른 한쪽은 다른 필지와 합칠 수 없어서, 건물을 지을 만한 너른 부지를 마련하기 어려운 조건이다. 필지의 면적은 33㎡이다. 일반적인 주차구획 면적이 11㎡ 정도이니 주차구획 3개 정도가 들어가는 크기의 땅이다. 평창동 일대를 도심으로 이어주는 자하문터널과 자하문로를 개통하고 남은 이 상처투성이의 자투리땅은 어찌하면 좋을까?

토지주는 땅을 매매하고 싶었던 것이 아닐까 생각된다. 건축물대장을 살펴보면 2001년 8월에 건축허가를 받고, 착공신고는 2년이나 지난 2003년 6월에 이루어진다. 허가와 착공 사이에 2년의 기간이 있다. 이런 자투리땅은 건물을 신축할 수 있을지 없을지 자신하지 못하는 경우가 많아서 매수자가 쉽게 매입 결정을 못 내린다. 그래서 토지주는 건축허가를 받아서 어느 정도 규모의 건축물을 지을 수 있다는 확신을 매수자에게 주려고 노력한다. 건물을 지으려고 허가를 받는 것이 아니고, 건물을 지을 수 있다는 것을 보여주기 위해 허가를 받은 것은 아니었을까? 하지만 적절한 매수자를 찾지 못한 것 같다. 건축허가의 유효기간은 2년이고, 이 유효기간을 2개월 앞둔 2003년 6월 마지못해 착공신고가 접수된다. 착공신고가 되었다고 공사를 해야 하는 것은 아니다. 이 건물은 아마도 착공신고를 하고도 한동안 공사를 하지 않은 것 같다. 층수는 다세대 건물이나 저층 아파트와 비슷한 5층이지만, 1층부터 5층까지 바닥면적을 모두 합쳐도 77.65㎡다. 수도권 지역에서 국민주택의 주거전용면적이 1호 또는 1세대당 85㎡ 이하(도시지역이 아닌 읍 또는 면 지역은 1호 또는 1세대당 100㎡ 이하)이니, 건물 전체가 국민주택규모 1세대 면적보다 작다. 이 정도 소규모 건물은 철근콘크리트 공사임을 감안하고, 외부 마감과 내부 마감 공사와 날씨에 따라 공사를 진행하지 못하는 일정까지 여유 있게 감안하더라도 3, 4개월 정도면 충분하다고 볼 수 있다. 그런데 착공 신고를 하고 2년 3개월이 지난 2005년 9월에서야 공사를 마치고 사용승인이 되었다. 건축허가를 받고 사용승인이 되기까지 4년이나 걸렸다. 건물주는 얼마나 많은 고민과 갈등을 했을까?

그나마 다행인 것은 건물이 지어지자 1층에 갤러리 입주가 줄을 이었다. 평창동과 부암동 일대는 1990년대 초반부터 문화예술 관련 시설이 들어온다. 1992년 부암동에 환기미술관이 개관하고, 같은 해 평창동에는 토탈미술관이 개관했다. 이후로 가나아트센터(1998), 갤러리 세줄(2001), 김종영미술관(2002), 상원미술관(2003), 영인문학관(2004), 키미아트(2004), 자하미술관(2008), 석파정 서울미술관(2012), 갤러리 2(2018), 누크갤러리(2018) 등 크고 작은 미술관과 갤러리가 평창동과 부암동 일대에 자리를 잡았다. 자투리땅 자하문로 249에 건축물이 지어진 2005년 9월 무렵이면, 부암동과 평창동 일대는 많은 미술관이 들어섰거나 들어설 예정이었다. 이 지역에 거주하는 문화예술인도 많았다. 그래서인지 자하문로변 길목에 자리한 이 작은 건물에도 갤러리가 들어온 것이다. 로드뷰로 확인해보니 갤러리 금(2009), 앤티크 고앤(2010), 갤러리 duck(2012), antique shop(2014), 찰리 김 갤러리(2015) 등 여러 갤러리와 고미술품 상점이 입주했었다. 하지만 10여 년 간 여러 갤러리가 문을 열었지만 오랜 기간 자리를 지키지 못했다. 결국 2017년 소파 제작 천갈이 업체가 입주하면서 갤러리의 명맥이 끊긴다.

건물은 33㎡ 크기의 땅에 19.79㎡ 건축면적으로 지어졌다. 대지에서 건축물이 차지하는 비율을 건폐율이라고 하는데, 제한된 건폐율 60%에 0.03% 부족한 59.97%를 채웠다. 땅의 모양이 좁고 긴 삼각형 모양인데, 좁은 쪽 꼭짓점에 계단실을 배치해서 최대한 사각형의 실내 공간을 만들려고 했다. 건물의 모서리에 해당하는 꼭짓점은 반원 형

쇼파천갈이
010-8366-2518

태의 곡선으로 처리했다. 계단실 앞쪽, 땅의 모서리 꼭짓점에 기둥을 세우고 계단참 부분과 보로 연결한 것이 특이하다. 기능적으로는 없어도 되는 요소이다. 디자인적으로 필요한 것인지는 모르겠다. 1층은 도로에서 직접 들어가는 구성이고, 2층부터 5층은 외부 계단을 통해 각 층으로 들어간다. 계단이 외부에 노출되어 있기 때문에 층과 층이 서로 연결되지 않고 독립되어 있다. 층별 면적이 16.76㎡로 방 하나 크기 정도이니 임차인을 구하기 쉽지 않았을 것이다. 건축적으로 외부 계단은 특색 있고 멋있다.

사용자와 건물주는 눈과 비가 들이치고, 오르내릴 때 추운 계단이 불편했나 보다. 2013년 고미술품점이 입주하면서 외부 계단과 5층 외부공간을 창으로 막았다. 계단참의 높이 차이가 생기는 부분에 맞춰 창문틀을 나누고, 반원 형태 계단참에 맞춰 곡면 유리를 끼웠다. 유리는 철분 함유량이 높은 녹색 유리가 사용되었다. 녹색 유리가 저렴하다고 품질이 낮거나 나쁜 유리는 아니지만, 건물 외장에 사용된 석재의 색상을 고려하거나 기존 창문에 사용된 저철분 유리와 색을 맞췄더라면 하는 아쉬움이 든다.

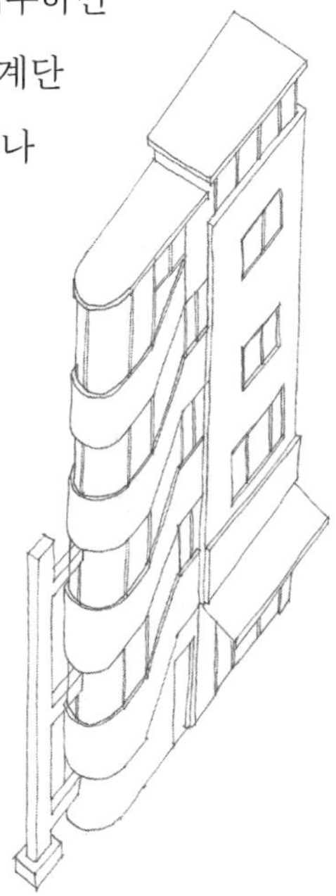

소파의 천갈이를 하는 업체의 특성상 건물 앞에 작업 중이거나 운반을 기다리는 큰 소파가 쌓여있는 것도 못내 안타깝다. 이 작고 개성 있는 건물이 언젠가 건물의 특성을 이해하고 잘 사용할 수 있는 사용자를 만나 빛나길 기대해본다.

서촌 주거지역의 작은 화석

종로구 사직로 127
(적선동 93-4)

사직로

사직로는 경복궁 동십자각에서 시작해 사직단과 사직터널을 지나 독립문 사거리까지의 도로다. 2km가 채 넘지 않는 짧은 길이지만, 서울 도심에 큰 변화를 가져온 도로다. 1958년 발행된 〈지번입서울특별시가지도〉를 살펴보면, 경복궁의 서쪽으로는 큰 도로가 없다. 사직로는 아직 만들어지지도 않았다. 기록을 찾아보면, 사직로는 1962년 개통되었다. 이때 사직로를 만들기 위해 사직단의 정문을 14m 북쪽으로 이전했다고 한다. 사직단 영역을 잘라 도로를 내고 정문을 옮긴 것이 미안했을까? 옮겨진 사직단 정문은 1963년 1월 보물 제177호로 지정된다. 사직단을 관통한 사직로는 인왕산을 뚫고 서쪽으로 뻗는다. 1964년 11월 착공된 사직터널은 2년 2개월 뒤인 1967년 1월 개통된다. 서울시 최초의 터널인 사직터널을 지나는 사직로는 이렇게 독립문 사거리까지 연장된다. 사직단과 사직단 정문을 밀어내고, 인왕산 밑을 뚫을 정도의 사직로 건설이다 보니 민간의 땅과 건물도 남아나지 않았다. 여러 민가와 건물이 헐려나갔고, 도로에 편입되었다.

사직로의 건물들

1962년 사직로가 개통되었지만, 사직터널 공사가 1966년 말까지 계속되었다. 실질적으로는 1967년에서야 사직로가 도로로서 제역할을 하기 시작했다고 보아야겠다. 도심에 큰 도로가 만들어지자 도로를 중심으로 일대에 건물들이 신축된다. 지금도 1967년 사직터널 개통과 함께 지어진 다수의 건물을 사직로 주변에서 찾아볼 수 있다. 광화문 바로 앞의 정부종합청사는 사직터널 개통 직후인 1967년 7월에 착공해서 1970년 12월에 준공했다. 19층인 이 건물은 1970년 당시 국

사직로 개통 이전인 1958년 경복궁 일대. 출처: 국가기록원

내 최고층 건물이었다. 1967년 우신빌딩(사직로 10길 11), 1968년 남양빌딩(사직로 64-1), 1969년 한라빌딩(사직로 66-1), 1970년 진흥빌딩(사직로 68), 1970년 사직아파트(사직로9길 14), 1970년 정남빌딩(사직로 105), 1973년 파크 맨션아파트(사직로 95) 등이 이때 만들어졌다. 1970년 전후의 사직로 주변은 서울에서 건축공사가 가장 많은 곳이었다.

적선동 93번지

사직로가 개통되기 전까지 본래는 하나의 땅이었던 적선동 93번지는 93-1, 93-2, 93-3, 93-4 이렇게 네 개의 필지로 나누고 가운데 골목을 공유하는 4개의 도시형 한옥이 있던 곳이다. 사직로가 개통되면서 93-4번지(사직로 127)에 큰 변화가 생겼다. 필지의 1/3 정도가 사직로에 편입되며 잘려나간 것이다. 93-1번지(사직로 127-12)에 남아있는 한옥

1 사직로 확장 공사 모습, 1967. 출처: 서울역사박물관, 《서촌: 사람들의 삶과 일상》, 2010

2 확장공사를 마친 후 사직로, 1975. 출처: 서울역사박물관, 《서촌: 사람들의 삶과 일상》, 2010

의 배치를 참고해서 유추해보면, 93-4번지도 남쪽에 마당을 둔 ㄷ자 형태의 한옥이었을 것이다. 사직로는 이 한옥에 큰 상처를 내고 지나간다. 아마도 한옥의 남쪽 일부가 잘려나갔을 것이다. 이런 상황이면, 93-1번지부터 93-4번지를 다시 합필해 대로변에 걸맞은 건물을 신축하는 것이 자연스러웠을 것이다. 93번지와 94번지까지 합필한다면 상당히 높은 건물을 지을 수도 있다.

인접한 93-3번지의 일부도 사직로에 편입되었지만, 93-4번지 정도로 많이 잘려나가지 않았다. 93-3번지는 잘려나간 위치에 새로 담장을 쌓고 2013년까지 주택으로 계속 사용된다. 93-1번지는 사직로가 개통되기 전인 1958년도에 개업해 2대째 작명소를 이어온 '김봉수 작명소' 자리다. 2013년 서울시 미래유산으로 선정될 정도로 역사를 인정받은 작명소다. 93-4번지는 한옥을 그대로 사용하고 있는 이웃한 93-1번지,

花豆
작명소
에코밥상

93-3번지와 끝내 합필하지 못했다. 결국 외로운 93-4번지는 1995년 겨울, 단독으로 건축허가를 받는다. 사직로 개통 이후 30년 만의 어려운 결정이었기에 진행 속도가 빨랐다. 이듬해인 1996년 봄에 시작된 공사는 4개월 만에 마치고 신축건물의 사용승인을 받는다. 건축면적은 33.9㎡로 3층까지 올렸다. 일반적으로 옥상에 올라가는 계단실은 건축면적의 1/8보다 작아서 층수에 산입 되지 않는데, 이 건물은 건축면적이 너무 작아서 15.2㎡의 옥상 계단실 면적이 건축면적의 절반 가까이 되다 보니 완화 조건을 받지 못했다. 그래서 일반건물이면 층수에서 제외되는 옥상 계단실이 층수에 포함되어 4층 건물로 건축물대장에 기록된다.

우리나라에서는 토지의 경제적이고 효율적인 이용과 공공복리의 증진을 도모한다는 취지로 토지의 용도를 구분해서 정하고 있다. 인구가 밀집되어 있는 지역은 도시지역으로 구분되고, 도시지역은 다시 주거지역, 상업지역, 공업지역, 녹지지역으로 세분된다. 사직로는 왕복 6~10차선으로 너른 도로에 속한다. 그래서 사직로에 접한 지역은 용도지역이 일반 상업지역으로 구분된다. 넓고 통행량이 많은 곳이니 주거지역보다는 상업지역으로 구분하는 것이 적절하고 합리적이겠다. 서울시의 경우 사대문 안은 일반 상업지역 건폐율과 용적률을 각각 60%와 600%로 정하고 있다. 땅 면적의 60%까지 건물을 지을 수 있고, 단순계산으로 10층까지는 올릴 수 있다는 계

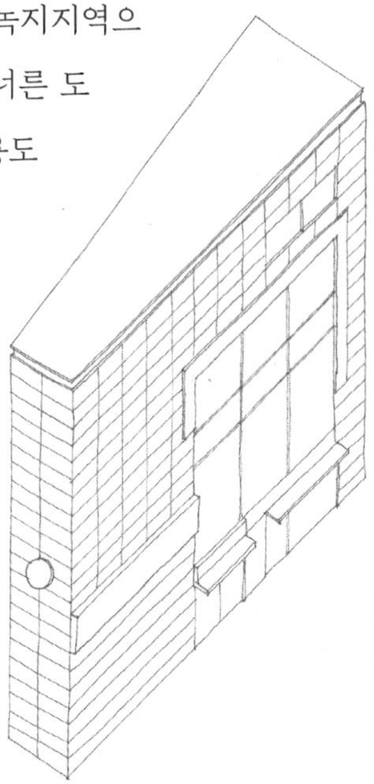

산이 나온다. 문제는 사직로가 주거지역을 통과하며 개통되었다는 점이다. 93-4번지는 단독주택으로 사용되던 한옥이 있던 필지로, 사직로가 개통되면서 주거지역에서 일반 상업지역으로 용도가 변경되었다. 현재의 용도지역은 상업지역이지만, 상업지역에는 적합하지 않은 주거지역에나 있을 땅의 크기와 모양새다. 그래서 인접한 93-1, 93-2, 93-3번지와 합필을 하는 것이 필요한데, 93-1과 93-3번지는 그럴 생각이 없었던 것 같다. 어쩔 수 없이 93-4는 단독으로 건물 짓는 방법을 찾는다. 사직로에 면한 필지는 사직로에서 3m를 뒤로 물러난 지점부터 건물을 지을 수 있다. 3m 물러나 선을 그어보면 그나마 남아있던 땅

적선동 93번지의 네 필지 가운데 93-4번지는 필지의 1/3 정도가 사직로에 편입되며 잘려나갔다. 지적도등본에 표시

의 절반 가까운 부분이 건물을 지을 수 없는 부분이다. 도로의 반대쪽은 민법에서 정하고 있는 인접한 땅과의 이격거리, 반미터를 띄워야 했다. 이것저것 제한된 조건을 따져서 건물을 지을 수 있는 부분을 찾아보면 땅 면적의 절반이 채 안 된다. 이 건물의 건폐율, 즉 땅의 면적 대비 건물이 차지하는 땅의 비율이 37.83% 밖에 안 되는 이유다.

건물 앞에는 건물보다 넓은 마당 같은 공간이 조성되어 있다. 사직로에 면해서 3m 뒤로 물러난 부분이다. 건축물대장을 살펴보자. 이 건물의 1층 면적은 33.9㎡다. 주차구획 크기와 비교해보면, 3면 정도의 크기다. 사직로에 면한 길이는 12m 정도이고, 깊이는 짧은 쪽이 2m, 깊은 쪽이 3m 정도 된다. 1:6 정도 비율의 긴 사다리꼴 형태의 평면이다. 중앙에 있는 문을 열고 들어가면, 커피 향이 느껴진다. 1층은 커피와 음료를 준비하는 주방이 대부분을 차지하고, 몇 개의 창가 좌석이 있다. 1층에는 음료를 주문하는 사람과 주문한 음료를 기다리는 사람이 대부분이다. 2층으로 올라가는 계단은 왼쪽에 있다. 주문한 음료를 들고, 계단을 올라가 보자. 건물의 좁은 쪽을 활용해 계단을 설치했다. 1996년에 준공된 비교적 최근의 건물이지만, 내부는 조적 벽돌과 콘크리트 면을 그대로 드러내고 있다. 오래된 건물을 리모델링한 것처럼 레트로한 분위기를 연출했다. 1층과 2층 중간의 계단참이 평균 이상으로 넓다. 2층과 3층 중간의 계단참과 그 위의 계단참에 화장실을 두었다. 폭이 좁은 부분에 화장실과 계단을 두어 효율적인 수직이동 공간으로 계획한 것이다. 효율적이고 단순한 평면구성 덕분에 2층과 3층은 창가 좌석 외에도 안쪽으로 테이블을 더 둘 수 있을 정도로 비교적 넓다.

적선동 94번지

1996년 93-4번지에 이 작은 건물이 지어지자 94-2번지도 94번지의 다른 필지들과 다른 선택을 한다. 2002년 월드컵의 열기가 채 식지 않은 2003년 6월, 93번지와 붙어 있는 94번지와 함께 규모 있는 계획으로 건축허가를 받은 것이다. 93-1번지와 93-3번지는 아직 한옥으로 남아 있다. 앞으로 93-1번지와 93-3번지 그리고 93-4번지가 서로 합필해서 신축건물을 지을지, 지금처럼 각각의 땅에 각각의 작은 건물을 유지하며 남을지 알 수 없다.

다른 곳에서는 찾기 힘든 독특한 건물의 모습과 주변 필지와의 상관관계를 살펴보면, 그 지역의 시간의 켜를 읽을 수 있다. 고고학자가 작은 화석에서 수만 년 전의 환경을 읽는 것처럼 이 건물에서는 서촌의 주거지역을 쓰나미처럼 뚫고 지나간 사직로의 개통 과정과 인접한 건물에 어떤 영향을 끼쳤는지 읽어볼 수 있다. 이런 시간의 흔적이 지적도와 건축물대장에 쌓인다.

숭례문과 남지

중구 세종대로 27
(봉래동1가 104-1)

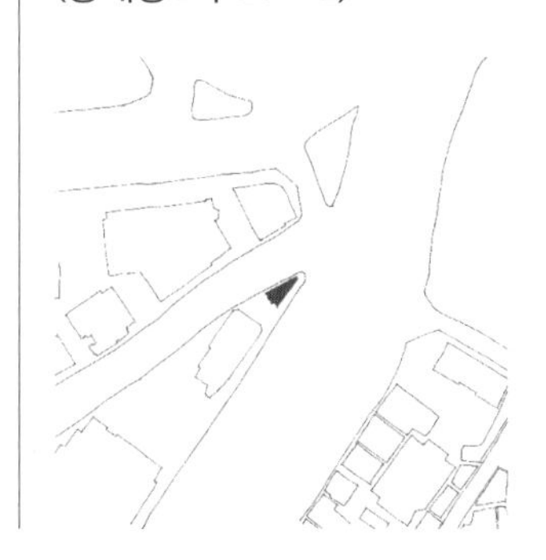

태조 이성계는 1392년 조선을 열고 당시 고려의 남경이었던 양주지역을 새로운 수도로 정했다. 지금의 서울이다. 새로 수도를 정했으니 성과 궁이 필요했다. 근래에 행정수도로 세종시를 건설하면서 상당기간 도시를 건설하고, 각종 행정기관을 건축하고 있는 것과 비교해 볼 수 있다. 신생국가 조선에서는 대규모 토목공사와 대규모 건축공사가 필요했다. 이때 국가의 근간이 되는 새로운 수도를 계획하고 필요한 건축물을 계획하는 일에 발탁된 인물이 있다. 고려 때 원나라에 환관으로 보내졌다가 공민왕 때 고려로 돌아온 김사행이다. 원나라 환관시절 도시와 건축에 대한 깊은 학식을 갖출 수 있었던 그는 당시 새로운 수도의 계획과 건설을 위한 적임자였다. 태조 이성계의 신임을 얻은 김사행은 한양도성과 경복궁 건설의 총책임을 맡아 진행했다. 그중에서도 한양도성의 대표적인 건축물인 숭례문은 1396년 준공되어 지금까지 600년 서울을 대표하는 상징적인 건축물로 그 자리를 지키고 있다.

관악산의 화기를 누르고자 만든 남지

숭례문과 그 주변은 100년 전까지 약 500년 간 비슷한 모습을 지켰다. 숭례문 양쪽에는 성곽이 이어졌다. 한쪽은 남산자락으로 다른 한쪽은 인왕산으로 이어졌다. 안으로는 종로로 이어지는 너른 길이 있었다. 숭례문 밖으로는 길이 둘로 나뉘는데, 남으로는 한강까지 이어지고 북으로는 서대문, 영은문, 모화관을 지나 개성, 평양, 신의주로 가는 의주로로 이어진다. 이러한 숭례문 주변의 상황은 1800년대에 제작된 〈수선전도〉에 잘 나타난다. 수선전도의 숭례문 주변을 살펴보면, 중요한 장소로 표시된 남지(南池)를 확인할 수 있다. 숭례문 바로 바깥에 있던 남지는 어떤 곳일지 궁금하다.

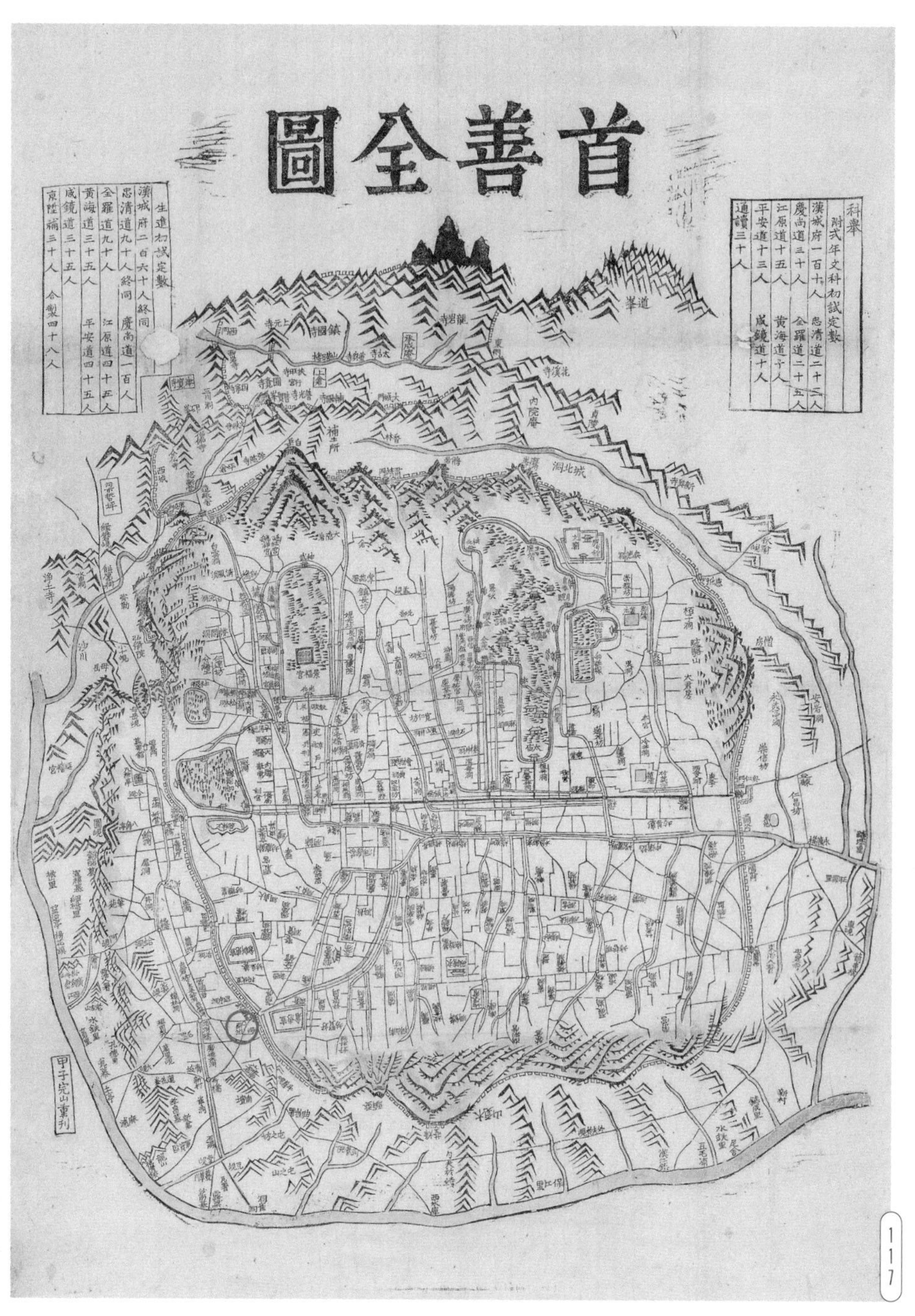

숭례문 앞에 남지(南池)가 있다. 〈수선전도〉, 1800년대. 출처: 서울역사박물관

17세기 남지의 모습. 그림 아래쪽에 숭례문을 작게 표현했다. 이기룡, 〈남지기로회도〉 부분, 1629. 출처: 서울대학교 박물관

기록에 의하면 태조 때 한양으로 천도하면서 관악산의 화기를 누르고자 숭례문 앞에 연못을 만들고 남지라고 했다고 한다. 지금은 그 모습을 알 수 없지만, 17세기 무렵 숭례문 앞 홍사효의 집에서 열린 기로회 장면을 도화서의 화원 이기룡이 그린 〈남지기로회도〉를 보고 추측해 볼 수 있다. 못 주변에 버드나무가 여럿 있고, 연꽃이 가득한 모습이다. 반듯하진 않지만 대략 장방형의 형태를 한 연못 주변은 다듬은 석축으로 둘렀다. 인공 연못이다 보니 그리 깊지 않아 보인다. 남지를 두어도 화재가 많으니 무용하다 해서 없앴다가 다시 못을 파기를 여러 번 반복했다고 한다. 남지를 두면 남인이 득세한다는 속설이 있어 남

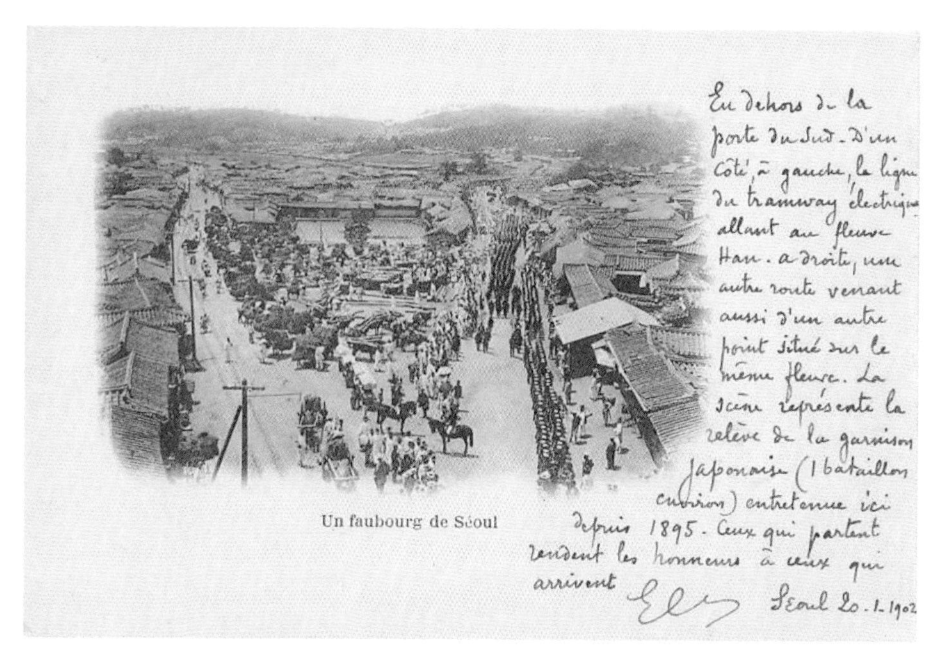

1900년대 초 엽서에서 보이는 남지

인의 세력을 누르려고 없애기도 했고, 남인이 세력을 잡으면 남지를 복원했다고 한다. 사연 많은 연못이다.

1900년대 초 작은 엽서에 남지의 마지막 모습이 남아있다. 숭례문에서 성밖을 바라본 모습인데, 왼쪽은 서울역 방향의 세종대로이고, 오른쪽은 약현성당 방향의 세종대로5길이다. 지금의 세종대로나 세종대로5길과 비교하면 많이 다른 모습이지만, 이 엽서의 모습이 그나마 조선시대 시대 숭례문 주변 모습과 가장 비슷한 모습일 것이다. 양쪽 길 사이에 짐꾼과 상인들이 있고 그들이 내려놓은 물건이 보인다. 그 뒤로 장방형의 연못이 보인다. 연못 중앙에는 원형의 섬이 있고, 섬에는 소나무로 보이는 나무가 한 그루 있다. 연못 주변에 쌓은 석축도 보인다. 천원지방(天圓地方), 즉 땅은 네모나고 하늘은 둥글다는 관념이 적

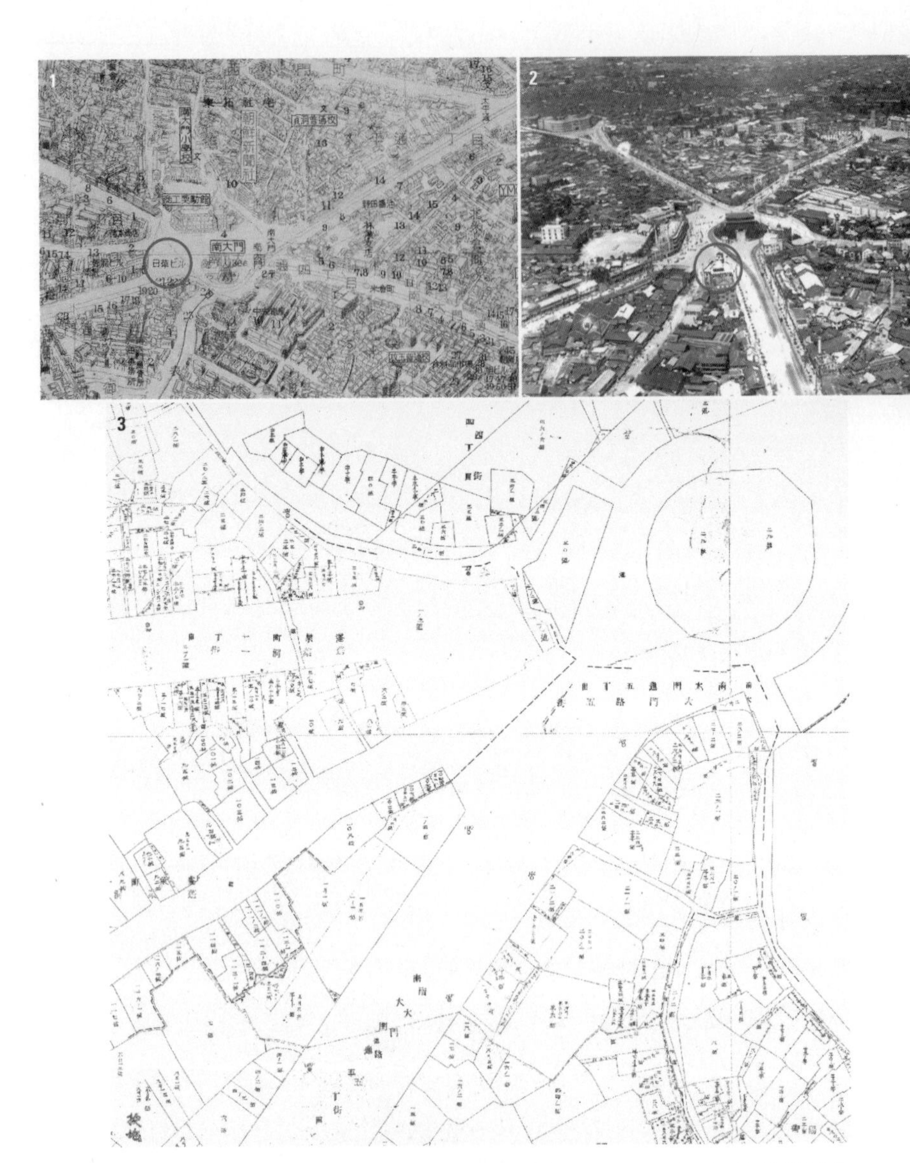

1 일화빌딩(日華ビル) 자리가 남지 터로 추정된다. 〈대경성부대관〉, 1936. 출처: 서울역사박물관

2 1940년대 초 숭례문 일대. 일화빌딩이 보인다. 출처: 서울역사박물관

3 도로 편입 분할선(점선)이 숭례문 앞 남지 터를 가르고 있는 것으로 보아 도로에 편입될 예정임을 알 수 있다. 숭례문 일대 폐쇄지적도, 1940

용된 모습이다. 연못의 삼면은 건물이 둘러싸고 있는데, 길에 면한 부분은 폭이 좁은 건물들이 남지를 등지고 길을 향해 배치되어 있다. 큰길을 마주한 길목에는 작은 필지라도 상점이 자리하는 것은 예나 지금이나 마찬가지였나 보다. 이때까지도 서울역은 소규모 정류장이었기에 보이지는 않는다. 칠패로를 따라 행군하는 군인들은 일본군인지 대한제국군인지 구분하기 어려워 보인다. 1905년 을사늑약 이전이라면 대한제국 군대일 수도 있다.

엽서 속의 남지가 없어진 것은 1907년이다. 요시히토 황태자의 방문을 앞두고, 콜레라 전염의 원인이 된다고 해서 이토 히로부미가 매립했다고 한다. 그리고 숭례문 옆 성곽도 조금씩 훼철되기 시작한다. 1913년 조선총독부가 발행한 지적도를 보면 남지는 없어졌고, 서울역 방향의 길이 넓어지면서 작은 필지들이 없어졌다. 1926년 남지가 있던 자리에 건축공사를 할 때 용머리를 한 청동 거북이 발견되었다는 기록이 있다. 이 청동 거북 속에는 가운데 불 화(火) 자를 두고, 그 주위를 감싸도록 물 수(水) 자를 사방에 쓴 종이가 나왔다. 화기를 막기 위해 남지에 묻은 풍수 지물이다. 이 용머리를 한 청동 거북은 국립중앙박물관에 소장되어 있다.

남지가 매립되고 양쪽 길에 면한 집들도 상당수 철거되었을 것이다. 1936년 〈대경성부대관〉에서 이러한 변화를 확인할 수 있다. 남지 자리에서 서양식 건축물이 보이는데, '일화(日華) 빌딩'이라는 이름까지 표기된 것을 보면 당시 꽤 주목받은 건물이었던 듯하다. 아마도 이 건물의 공사 과정 중에 남지 터에서 용머리를 한 청동 거북을 발굴한 것으로 생각된다.

1971년 착공한 지하철 1호선은 남지 터 아래를 지난다.

100년의 상처를 안은 건물

광복을 맞았지만 대한민국과 서울은 아직 혼란했다. 1947년 《경향신문》에 소개된 1947년 3월 1일 남대문 사건 기사에서 남지 터에 세워진 일화빌딩이 등장한다. 광복 후 이념 갈등이 한창일 때 남로당의 서울본부가 바로 이 일화빌딩에 있었다. 이어지는 기사에서 이후 국방부 건설본부가 사용했다는 것을 알 수 있다. 1968년 1월 27일자 《매일경제신문》은 이 건물의 철거 소식을 전했다. 숭례문과 서울역 사이의 도로를 확장하면서 국방부 건설본부 건물의 철거를 시작한다는 내용이다. 도로를 확장하는 것은 자동차 시대를 준비하는 서울의 변화였다. 1968년 1월 27일 남지 터에 있던 일화빌딩은 철거된다. 그리고 같은 해 11월 30일 자정, 마지막 전차 운행이 종료되었다. 남은 것은 숭례문뿐이었다.

건물들을 철거하고 확폭한 도로에서는 지하철 공사가 시작된다.

필지가 작아서인지 2000년이 되어서야 건물이 들어선다.

1971년에 착공한 서울 지하철 1호선 서울역-청량리역 구간은 숭례문 옆을 지나 남지 터 아래를 지난다. 당시 항공사진을 확인해 보면 일화빌딩이 있던 자리에는 도로와 인도가 조성되어 있고 숭례문 옆으로 굴착공사가 한창인 모습이 보인다. 일화빌딩에 접해 있던 작은 건물도 여럿 보인다. 남지의 매립과 일화빌딩 신축, 철거와 도로공사 그리고 지하철 공사가 이어지고 있지만, 살아남았다. 1900년대 초 엽서에서 보였던 남지 옆의 작은 필지들은 100년의 격변 속에서 그렇게 살아남아 좁고 긴 필지를 유지하고 있었던 것이다.

숭례문 앞 지하철 공사 모습, 1971.
출처: 서울사진아카이브

허브 치과
치과
solux
SK
허브치과의원
허브치과

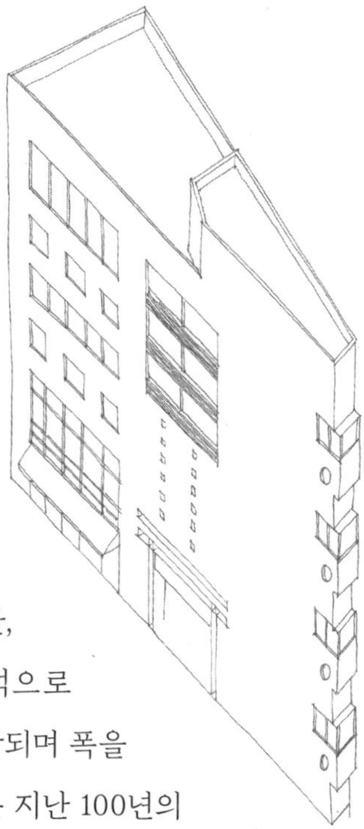

서울을 대표하는 숭례문 바로 앞에 있고, 국가상징가로인 세종대로에 면한 이 필지들은 그 위치에 비해 남은 필지의 크기와 폭이 너무 작았던 것 같다. 한동안은 건축물이 없다가 2000년이 되어서야 새로운 건물이 준공된다. 21세기를 맞이하며 신축된 HM빌딩은 숭례문 앞 도로의 성격과 함께 지난 100년 간 있었던 다양하고 폭력적인 토목공사의 상처를 보여준다. 조선시대 남지 터는 흔적을 찾을 수 없지만, HM빌딩의 경계와 도로 한쪽에 세워진 표지석으로 겨우 그 위치를 가늠해 볼 수 있다. 여러 번 확장되며 폭을 넓힌 도로에 자리를 내어주고 남은 필지 형태는 지난 100년의 상처였다. 이 건물이 숭례문과 마주 보는 입면은 겨우 1m 남짓이다. 남지 터에 있던 일화빌딩이 숭례문을 마주 보던 것과 비교하면 너무 좁은 것이 안타깝다. 계단실과 엘리베이터는 세종대로에 면해서 겨우겨우 끼워 넣었다. 좁은 숭례문 쪽 공간은 계단참에서 출입하는 좁은 작은 화장실을 배치했다. 폭이 넓은 쪽은 최대한 임대공간으로 확보했다. 카페와 식당, 의원, 소규모 사무실 등이 자리하고 있다.

이 건물이 지어지기 전까지 숭례문의 오랜 이웃은 남지였을 것이다. 없어지고 다시 조성되기를 여러 차례 반복했지만 남지와 숭례문은 따로따로 생각하기 힘들 정도로 하나와 같은 각별한 이웃이었다. 근대에 들어 남지가 메워지고, 숭례문 양쪽의 성곽이 훼철되어 숭례문의 상심이 얼마나 컸을까? 남지 자리에 큰 규모의 일화빌딩이 세워지면서 한동안 일화빌딩이 숭례문의 곁에서 이웃이 되는가 싶었지만, 세종대로가 대규모로 확폭되면서 일화빌딩도 남지처럼 숭례문 곁을 떠났다. 남은 땅은 폭이 좁아 건물이 들어올 수 있을지 의문이 들었고, 한동안 건물이 없었으니 2000년에 HM빌딩이 준공됐을 때 숭례문도 무척 반가워하지 않았을까?

HM빌딩과 숭례문이 서로에게 익숙해졌을 2008년 무렵이다. 어둠을 틈타 작은 그림자가 숭례문을 기어오르자 이내 불길이 솟았다. 누각에서 시작된 불은 삽시간에 지붕과 처마로 번졌고, 불길은 숭례문을 삼켜버렸다. 주위에 어떤 변화가 있더라도 600여 년 한결같은 모습으로 자리를 지켰던 숭례문. 이번엔 숭례문이 없어진 것이다.

그나마 다행인 것은 방화 사건이 있기 2년 전, 문화재청은 《숭례문 정밀실측조사보고서》를 만들어 놓았다. 숭례문을 구성하고 있는 모든 부재의 특징과 크기, 세부 치수를 꼼꼼하게 기록한 정밀한 실측 조사 보고서였다. 복구과정이 쉽지만은 않았을 것이다. 쓸 수 있는 부재는 재사용하고, 불에 탄 부재는 이 보고서를 바탕으로 제작할 수 있었다고 한다. 조사와 기록의 중요성을 새삼 확인할 수 있는 일이었다. 숭례문 복구는 2013년에 완료된다. HM빌딩은 방화범이 다가오는 것부터 불씨가 번져 숭례문이 붕괴되는 모습을 지켜봤을 것이다. 숭례문이 남지 터의 변화를 지켜봤던 것처럼 HM빌딩이 5년의 복구과정을 하루하루 함께했을 것이다. 지난 100년, 숭례문과 숭례문 주변의 크고 작은 상처가 이제는 조금씩 아물고 있는 것 같다. HM빌딩이 숭례문의 오랜 친구로 남기를 바란다.

왕십리행 전차선로 옆에 선 Y빌딩

중구 퇴계로 453
(황학동 2475번지)

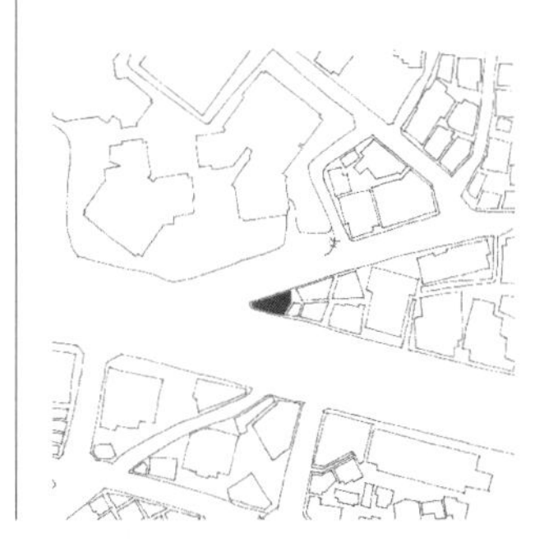

2015년 4월 2일. 서울시내에 전차를 닮은 괴상한 버스가 나타났다. 'SEOUL CITY TOURBUS'라는 이름을 붙인 이 버스는 예스러운 모습에 알록달록하게 치장하고 있었다. 시티투어버스는 그 도시의 주요지역을 빠르고 알차게 돌아볼 수 있어 외국인이나 내국인 모두에게 유용하다. 나는 국내나 해외의 다른 도시에 가더라도 한번은 이용하는 편이다. 서울의 시티투어버스도 몇 번 이용해봤다. 그런데 이 괴상한 모습의 버스는 낯설고 뜬금없어 보였다. 처음 그 버스를 보고 속상하고 화가 나서 이 버스의 내막을 찾기 시작했다.

1900년대 중반까지 많은 도시에서 대중교통수단으로 노면전차를 운영했다. 지금은 대부분의 도시에서 노면전차가 사라졌지만 한때 도시의 중요한 대중교통수단이자 시대의 상징과도 같은 노면전차에 대한 추억은 사라지지 않았다. 그래서였을까? 미국의 포드(Ford)사는 노면전차의 모습을 닮은 관광버스를 출시했고, 미국의 많은 도시가 시티투어버스로 노면전차 모습의 버스를 도입했다. 그렇다면 서울에 이 버스가 왜 나타났을까?

전차 노선

1970년대에 태어난 나는 본 적도 없고 상상도 할 수 없는 이야기지만 서울의 전차는 나름 역사와 자부심이 있다. 서울은 아시아에서 방콕(태국), 교토(일본), 마드라스(인도), 나고야(일본), 바타비아(인도)에 이어 6번째로 전차를 도입했다. 대한제국 시기인 1899년의 일이다. 40인승 개방형 8대와 황실 전용 귀빈차 1대가 있었다. 운전수로 교토시에서 전차운행 경험이 있는 경력자를 선발하고 한국인을 차장으로 채용했다. 개통 당시에는 목적지 없이 단순히 전차를 타기 위해 종일 전차

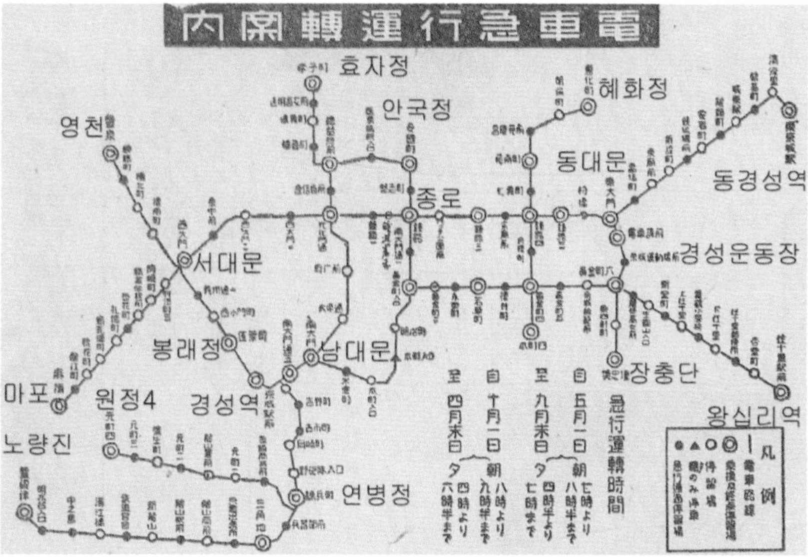

점점 복잡해지는 교통 문제의 타계책으로 급행열차를 운행한다는《매일신보》1940년 3월 28일자 기사와 함께 실린 전차급행운전안내도. 당시 전차노선을 알 수 있다.

를 타거나 전차를 타보기 위해 지방에서 일부러 상경하는 사람도 있었다고 한다. 일제강점기에 일본산 전차가 도입되고 노선도 늘어났으며 길이도 연장되었다. 전차 노선의 확대와 연장으로 서울의 도심도 확대된다. 1936년 행정구역개편으로 조선시대 성저십리에 해당하는 대부분의 지역이 서울로 편입되었는데 특히 동쪽과 남서쪽으로 많은 지역이 편입된다. 남서쪽은 용산역을 중심으로 확대되고 동쪽은 청량리와 왕십리 방면으로 확대되었다.

1946년 미군정에서 제작한 지도를 보면 동쪽으로 이어지는 청량리 방향과 왕십리 방향의 두 갈래 축이 잘 보인다. 서울의 구도심에는 한양도성이 둘러싸고 있는 내사산이 있다. 서울의 중심을 서에서 동으로 흘러가는 청계천이 동대문 옆 오간수문을 통해 동쪽으로 빠져나

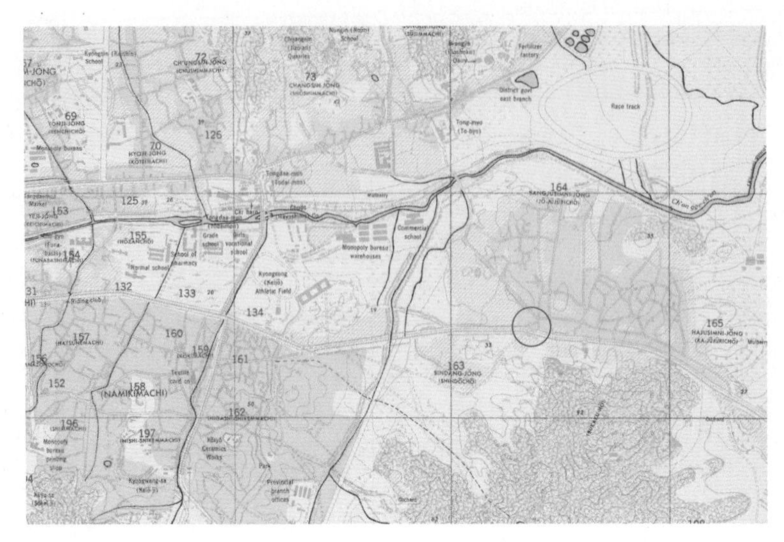

청량리 방향과 왕십리 방향의 두 갈래 축이 잘 보인다. <Korea City Plans: Kyongsong or Seoul(Keijo)>, U.S. Army Map Service, 1946. 출처: 서울역사박물관

간다. 청량리행은 청계천 북쪽을, 왕십리행은 청계천 남쪽을 청계천과 나란히 지나는 모습이다. 청계천 남쪽의 왕십리행은 지금의 퇴계로를 지났는데, 남쪽은 대현산, 응봉산, 매봉산 등 크고 작은 산과 봉우리가 많은 지형이라 주거지가 보이지 않고 퇴계로의 북쪽은 청계천까지 큰 규모의 주거지가 펼쳐진다. 이곳이 전통적으로 성저십리에 속하고 오랜 거주지가 형성된 신당동, 황학동, 왕십리동 지역이다. 우리가 따라온 왕십리행 전차 노선은 '을지로6 - 신당동 - 상왕십리 - 하왕십리 - 왕십리종점' 순서로 정류장이 이어지는데, 지금의 지하철 2호선 노선과 일치하고 정류장 이름도 비슷하다.

이 노선이 지나던 퇴계로에서 내 시선을 사로잡은 건물이 있다. 퇴계로 453(황학동 2475)이다. 살짝 굽은 퇴계로 선형 때문에 신당역에서 상왕십리역으로 향하는 도로는 이 인상적인 건물의 날카로운 모서리

을지로-왕십리 구간 전차 철로와 전차 모습. 한쪽에서는 도로 포장공사가 진행되고 있다. 1962.
출처: 서울사진아카이브

를 정면으로 만난다. 건물의 모서리가 퇴계로를 거슬러 올라가는 뱃머리처럼 퇴계로 중앙을 가르는 모양새다. 이 필지는 남쪽으로 너른 퇴계로를 면하고, 북쪽으로 거주지역으로 들어가는 좁고 굽은 길을 면하고 있다. 60년 전 왕십리행 전차에 올라 상왕십리역에 내릴 준비를 하면, 이 독특한 모양의 필지가 눈에 먼저 들어왔을 것 같다. 당시에도 이 건물이 있었을까? 있었다면 어떤 모습이었을까?

대중교통체계의 전환기

1960년대 이 구간 퇴계로의 모습이 궁금해졌다. 서울사진아카이브에서 찾은 1962년 '을지로-왕십리 구간 도로 포장공사'에서 조금 엿볼 수 있었다. 퇴계로 중앙에 복선으로 깔려 있는 전차 철로가 보인다. 철로 위에 운행되고 있는 전차의 모습도 보인다. 전차 철로 양쪽에서는

1970년대 초 시내버스 운행 정착과 함께 늘어난 주택, 1982년 지하철 공사 등 퇴계로 453 일대 변화를 보여준다.

포장공사가 한창 진행되고 있다. 공사중이어서 그런지 통행하는 차량의 모습은 간간이 보일 뿐이다. 눈에 띄는 것은 좁지만 어느 정도 확보된 인도의 모습이다. 인도에는 드문드문 가로수가 보이는데 심은지 오래 지나지 않아 보인다. 수종을 정확하게 판별할 수는 없지만, 양버즘나무(플라타너스)처럼 보인다.

1962년 사진의 모습을 개략 머릿속에 그리고 지금 이 구간의 퇴계로를 가 보자. 새로 지어진 건물은 퇴계로에서 크게 뒤로 물러서 지어졌지만, 아직도 도로에 가깝게 남아있는 건물이 여럿 보인다. 차로의

1973년 항공사진에서 보이는 차량으로 추정되는 1971년식 뉴 코티나 광고. 《매일경제신문》 1971년 9월 13일자

폭, 인도의 폭 그리고 그 사이에 식재된 플라타너스가 퇴계로 양쪽에 남아있다. 1960년대 퇴계로의 선형과 규모가 그대로 유지되고 있음을 확인 할 수 있다. 결국 1930년대의 도로와 지금의 퇴계로도 크게 다르지 않을 것이다.

그렇다면 퇴계로 453 필지에 자리한 이 뱃머리처럼 생긴 건물은 언제부터 있었을까? 건축물대장을 열람해보니 1972년 사용승인을 받았다. 산업화의 시작으로 서울시 인구가 급격하게 증가하면서 전차운행 방식의 교통시스템이 증가하는 유동인구를 감당하지 못하자 서울시가 전차운행을 종료하고 버스 중심의 대중교통체계로 전환한 시점이 1968년이다. 전차운행이 종료되고 버스와 자동차 중심의 서울시내 교통체계가 자리잡은 때가 1970년대 초였으니, 버스와 자동차를 중심으로 하는 서울의 시작과 함께 신축된 것이다. 전차 운행이 종료되고 시내버스 운행이 정착되면서 신당동과 상왕십리 지역의 거주인구도

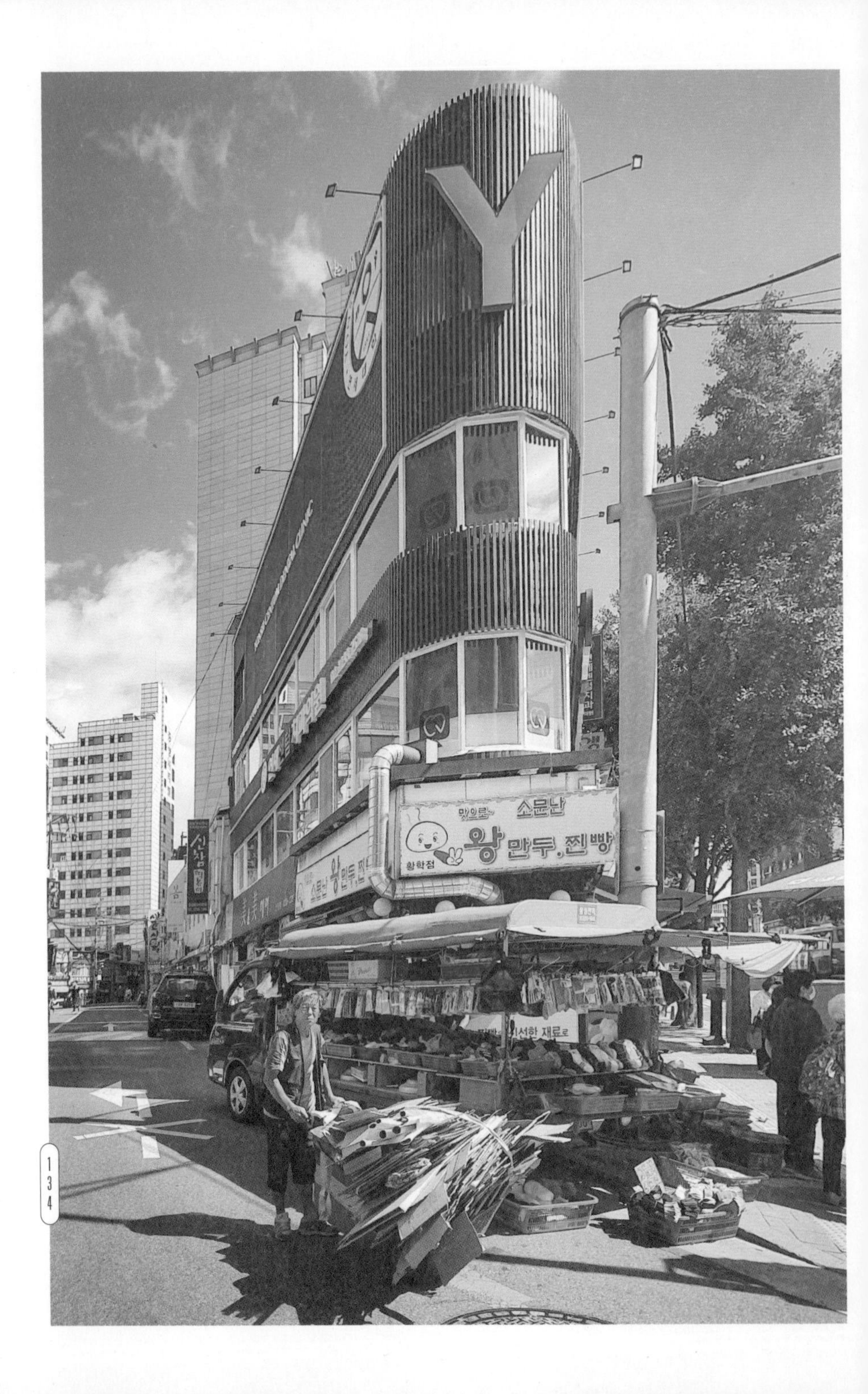
맛으로~ 소문난
왕만두.찐빵
황학점
소문난 왕만두.찐빵

많아졌을 것이다. 1973년 항공사진은 시내버스 시대로 접어든 서울의 모습을 퇴계로 453의 신축 건물과 함께 보여준다. 퇴계로를 Y자로 가르는 뱃머리 형태의 퇴계로 453의 신축 건물과 그 오른쪽으로 1~2층 규모의 낡은 건물들이 보인다. 도로 양쪽으로 인도가 조성되어 있고, 1962년 도로공사 사진에서 보였던 플라타너스는 10년 사이 많이 자랐다. 말끔하게 포장된 도로 위에 시내버스 여러 대가 줄지어 서있다. 드문드문 보이는 승용차는 현대자동차가 1968년부터 생산한 코티나이거나 1971년 출시한 뉴 코티나일지도 모르겠다. 기아자동차의 첫 승용차인 브리사 S-1000은 이 항공사진이 촬영된 다음해인 1974년 10월에 출시되었고, 국내 첫 고유모델인 현대자동차의 포니는 그 다음해인 1975년 12월에 나왔다. 바야흐로 서울에 자동차가 넘쳐나는 시대로 접어들기 직전이다.

퇴계로를 Y자 모양으로 가르는 것처럼 보이는 Y빌딩

다시 10년이 지난 1982년. 퇴계로 453 앞 퇴계로에는 지하철 공사가 한창이다. 도로에는 깊게 파인 공사현장이 보이고, 드문드문 형성된 공사장 사이로 지나는 버스와 승용차가 무척 많아졌다. 거리에 보행자도 눈에 띄게 많아졌는데, 도로 위에 길게 늘어선 버스 위로 고가도로를 지나는 많은 수의 보행자가 보인다. 1980년대 퇴계로는 지금처럼 북적대기 시작했다. 이때부터 상습 정체가 시작되었을 것이다.

자동차 시대와 함께 지어진 퇴계로 453의 이 건물은 별다른 장식없이 단순한 구조이다. 기둥은 외벽면보다 안쪽에 위치해서 한 층의 창문은 기둥 때문에 끊기지 않고, 연속해서 건물 전체를 휘감는다. 아래층과 위층 사이의 벽면은 아이보리색 타일로 마감되었다. 전형적인 모더니즘 건물의 특징을 보여준다. 아쉽게도 설계자 정보는 찾을 수 없었다. 지어진 지 반백 년을 앞둔 이 건물은 2020년 대대적인 리모델링을 마쳤다. 1층은 예전처럼 가로에 면한 상점이 유지되고 있는데, 2층과 3층을 모두 사용하는 치과의원이 들어오면서 리모델링과 용도 변경을 했다. 이 과정에서 퇴계로를 바라보는 날렵한 모서리에 커다란 Y자 간판이 설치되었다. 연세대학교 출신 원장님의 치과의원이어서 치과 이름에는 연세가 붙고, 건물 이름도 Y가 되었는지 모르겠지만, 뱃머리처럼 퇴계로를 가르는 모습이 Y자 형태 같았는데 우연히도 모서리에 Y자가 붙어서 혼자 웃음이 나와버렸다.

이 앞을 지나던 전차들은 어찌되었을까? 광복이후에도 전차는 여전히 중요한 교통수단으로 사용되었기에 1950년대 미국의 원조로 미국에서 사용되던 중고 전차 상당수가 도입되었다. 이 미국산 중고 전차는 서울과 부산(1953년 전차 개설)에서 나누어 사용했다. 1960년대 들어서 이 전차들이 노후화되고 교통체계가 자동차 중심으로 빠르게 전환되면서 1968년에 마지막 전차 운행을 끝으로 전차시대는 막을 내렸다. 대한제국 시기에 사용했던 전차는 현재 국립민속박물관 마당에 전시되어 있다. 일제강점기 때 도입되었던 일본산 전차는 두 대가 남아있는데, 그 중 하나인 전차 381호다. 1973년 어린이대공원 개장 때 공원에 전시되었던 것을 2007년 서울역사박물관에서 인수했다. 다른 하나인 전차 363호는 창경궁 옆 국립어린이과학관 외부에 전시되어 있다. 1950년

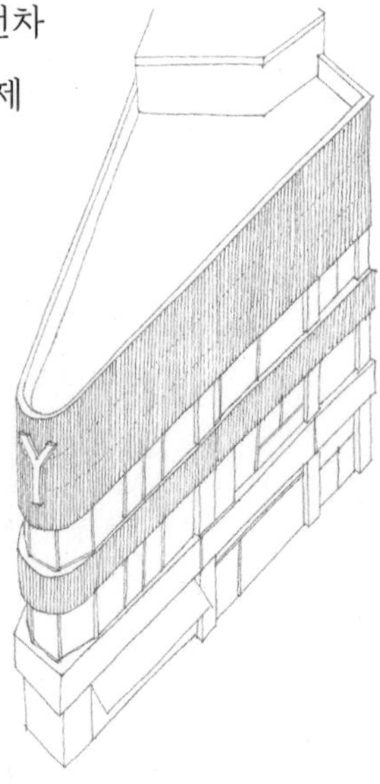

대 미국에서 도입된 전차는 1대가 남아있는데, 부산에서 운행되었던 것을 동아대학교 박물관에서 소장하고 있다.

1970년대에 태어난 나는 운행되는 전차를 본 적이 없다. 그러니 전차를 닮은 시티투어버스가 2015년에 나타났을 때 낯선 것이 당연했다. 지금이야 서울에서도 약 80년간 전차가 운행되었다는 사실을 알고 있지만 이 시티투어버스를 처음 보고서 외국의 시티투어버스를 무작정 따라하는 것은 아니냐며 오해하고 인상을 찌푸렸다. 서울 도심의 전차 모양 시티투어버스에 대한 오해는 풀렸지만, 비슷한 시티투어버스를 운행하는 강남구, 울산시, 전주시, 안동시, 남양주시 같은 도시의 경우는 곱씹어볼 일이다.

퇴계로 453의 Y빌딩 앞에서 퇴계로에 전차가 지나가는 모습을 상상해본다.

1 율곡로 225(이화동 98-3)
율곡로 248(충신동 33-11)
율곡로 241(충신동 55-5)
율곡로 233(충신동 53-1)
율곡로 231(이화동 97-6)

2 동호로 165(신당동 372-44)

3 북촌로137(삼청동 27-10)
북촌로141(삼청동 27-14)

4 수색로 342(수색동 315-1)

5 효창원로 146(효창동 5-508)
백범로 284(효창동 243-1)

택지개발의
흔적이 남은
자투리땅

율곡로의 플랫아이언

종로구 율곡로 225
(이화동 98-3)

광복이 되자 서울의 도로 이름이 크게 바뀐다. 충무로, 을지로, 퇴계로가 대표적이다. 일본인이 많이 모여 살던 명동의 중심가로였던 혼마치(本町)는 충무로로, 금융기관이 모여 있던 고가네마치(黃金町)는 을지로가 되었다. 잃었던 나라를 되찾았으니 어려운 시기에 나라를 지킨 명장의 호를 따왔다고 한다. 명현의 이름을 따오기도 했다. 일제강점기에 쇼와도리(昭和通)라고 불리던 퇴계로는 퇴계 이황의 호를 따왔다. 모두 광복 이듬해인 1946년의 일이다.

신생도로 율곡로

서울 사대문 안에는 충무로, 을지로, 퇴계로와 함께 명현의 이름을 딴 도로가 또 있다. 율곡로다. 충무로, 을지로, 퇴계로는 광복이 되자마자 이름을 바꿨는데, 경복궁의 광화문과 창덕궁의 돈화문을 잇는 율곡로도 이때 이름이 생겼을까? 조선시대에도 경복궁과 창덕궁을 오가는 길이 있었지만, 이름이 붙을 만큼 큰 도로는 아니었다. 1926년 경복궁에 조선총독부 건물이 완공되자 일제는 광화문을 경복궁 동쪽으로 옮기고, 동쪽으로 창덕궁 돈화문 앞까지 길을 넓히더니 종묘와 창덕궁을 갈라 이화동까지 길을 연장한다. 지금 율

신설도로 공사 현장, 1975.
출처: 서울사진아카이브

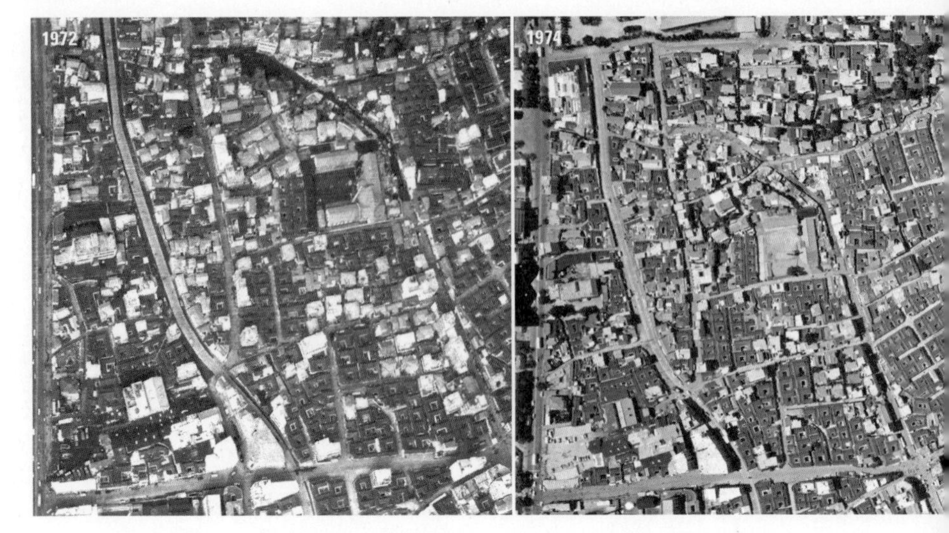

율곡로는 낙산과 채석장으로 인해 직선 으로 뻗지 못한 채 남쪽으로 방향을 돌리게 되면서 반원형의 굽은 길이 되었다.

곡로의 모습이 만들어진 시점이다. 풍수적으로 종묘의 맥을 끊었다는 말이 많은 이 도로가 1927~1936년 사이에 만들어진 배경이다. 결과적으로 일제는 총독부가 있는 경복궁에서 '안국-돈화문-원남-이화-혜화'를 거쳐 돈암까지 이어지는 도로를 확보하고, 전차 노선을 설치하는 등 서울의 동북권으로 연결되는 도로체계를 만들었다. 1946년 서울의 다른 도로들이 명장과 명현의 이름으로 명명될 때 이 도로는 그때까지도 별다른 이름을 갖지 못했다. 1966년 11월, 드디어 경복궁 동십자각에서 이화사거리까지 구간이 '율곡로'라는 이름을 가지게 된다. 경복궁 서쪽으로 사직터널 개통(1967년 1월)을 앞둔 시점이다. 사대문 밖으로 이어지는 간선도로 역할을 하게 되면서 이름을 갖게 된 것이다. 종로, 을지로, 퇴계로 같은 주요 도로와 비교하면, 율곡로는 사직로가 생기면서 간선도로 기능을 할 수 있게 된 신생 도로인 셈이다.

시민아파트

1960년대 경복궁 서쪽으로 사직로, 동쪽으로 율곡로가 만들어지자 이번에는 아파트가 들어선다. 사직로에서 인왕산으로 올라 옥인동 안쪽 끝자락에 1971년 옥인시범아파트가 지어진다. 율곡로에서 낙산으로 올라 충신동 안쪽 끝자락에 1976년 낙산 시민아파트가 지어진다. 좌청룡 우백호 자리에 좌 옥인아파트, 우 낙산아파트가 들어섰다. 아파트가 들어서면서 사람도, 지나다니는 차량도 많아졌다. 그래서였을까? 서쪽은 자하문로가 확장 개통되고, 동쪽은 율곡로가 충신동의 주거지를 관통하며 연장된다. 이렇게 율곡로가 완성된 것은 40년 전인 1981년이다. 율곡로 동쪽에 낙산이 있고, 낙산 너머는 채석장이 있던 창신동, 숭인동 지역이다. 새로 길을 낼 수 있는 환경이 아니었다. 율곡로는 동쪽으로 나아가지 못하고, 남쪽으로 방향을 돌려 동대문 앞을

율곡로가 연장되면서 잘려나가고 남은 좁고 긴 삼각형 모양의 땅에 자리한 율곡로 248

뒤쪽에 경사진 박공지붕 형태가 남아 있는 것으로 보아 율곡로로 잘리고 남은 일부를 추스려 사용하고 있는 것으로 추정되는 율곡로 241

지나 청계천으로 향하게 된다. 원남동 로터리에서 이화동을 거쳐 동대문까지 폭 30m, 길이 850m의 반원형의 굽은 길이 만들어졌다. 우리가 알고 있는 율곡로의 지금 모습이다.

1980년 전후의 이화동과 충신동에는 단층 도시형 한옥이 빼곡하게 늘어서 있었다. 이런 도심 주택가를 30m 폭의 도로가 관통하면 도로 주변 필지는 어떻게 될까? 지형을 따라 남쪽으로 굽은 율곡로의 선형 때문에 도로 주변의 필지는 도로 선형을 따라 이형으로 잘리게 된다. 건물을 짓거나 활용하기 애매한 좁은 삼각형의 필지가 생겼다.

율곡로가 지나면서 남긴 삼각형 필지를 활용한 율곡로 233

율곡로의 이형 건물

율곡로 248(충신동 33-11번지)에는 주황색 타일이 곱게 붙어 있는 2층 건물이 있다. 율곡로가 연장되면서 잘려나가고 좁고 긴 삼각형 모양이 남았는데, 꼭짓점에 해당하는 부분의 폭이 1m가 되지 않는다. 율곡로에 면한 긴 변에는 셔터가 달린 세 칸이 있지만, 안쪽으로 깊이가 깊지 않아 일반적인 건물에서처럼 각각의 칸을 나눠서 사용할 정도가 안 된다. 대진쌀상회가 1층 전체를 오랜 기간 사용했는데, 2017년 이후부터 셔터가 올라가지 않고 있다.

횡단보도로 율곡로를 건너보자. 율곡로 241(충신동 55-5번지)의 건물은 정사각형을 반으로 접은 삼각형 모양으로 남았다. 율곡로에 면한 모습은 네모난 현대건물처럼 보이지만, 뒤를 돌아보면 경사진 박공지붕의 형태를 하고 있다. 1981년 율곡로가 만들어질 때 이전부터 있던 건물의 일부를 남겨 사용하면서 율곡로로 잘린 면을 현대적인 건물처럼 네모나게 입면을 세운 것으로 보인다.

혜화동 로터리 쪽으로 발길을 옮기면, 율곡로 233의 영일 카센터(충신동 57-1), 율곡로 231의 토탈 인테리어-형제기업(이화동 97-6)도 같은 상황이다. 율곡로가 지나가면서 잘리고 남은 삼각형 필지 안에 어떻게든 면적을 찾아서 무엇이라도 활용해보려고 애쓴 모습을 엿볼 수 있다. 무명의 건축가가 찾은 도시의 틈이라고 볼 수 있지 않을까?

율곡로 225

바둑판같은 직교 도로 체계를 가진 뉴욕에서 홀로 삐딱하게 지나가는 브로드웨이는 애비뉴와 만나면서 좁고 긴 삼각형 필지를 여러 개 만들어낸다. 이런 자리에는 개성 있고 특별한 건물이 지어지는데, 뉴욕의 아이콘이라고 할 수 있는 플랫아이언 빌딩이 대표적이다. 율곡로에서는 율곡로 225(이화동 98-3) 양평해장국 건물이 플랫아이언과 같다. 이 건물은 율곡로와 율곡로17길이 만나는 예각의 모서리에 위치한다. 율곡로를 걷다 보면 이 건물의 좁은 모서리가 인상적으로 눈에 들어온다. 지하 1층, 지상 3층 규모의 이 건물은 모서리 건물의 개성을 표현하는 3가지 요소가 있다. 첫 번째는 세로로 붙인 타일이다. 모서리를 곡면으로 처리하면서 급한 곡률을 마감하기 위해 폭이 좁은 쪽이 가로가 되도록 타일을 세로로 붙였다. 덕분에 계단실이 있는 모서리가 타일의 수직 패턴으로 더 얇고 높아 보인다. 두 번째는 모서리 곡면에

이화
감자탕
포장 할인
뼈해장국
15,000
양선지해장국
15,000
소내장탕
20,000
선지해장국
15,000

있는 창의 유리를 분절한 것이다. 둥근 형태의 벽면에 창을 설치한다면 벽의 곡률에 따라 창틀을 곡선으로 가공하고 곡면 유리를 끼울 수 있는데, 당시에는 그렇게 하지 못했던 것 같다. 대신 창틀과 유리를 살짝 꺾어 둥근 면에 대응했다. 모서리 계단참에 있는 6개의 창은 벽면의 둥근 형태를 따라 창틀을 V자로 꺾고, 두 개의 판유리를 V자로 맞댔다. 세 번째는 모서리 부분의 외부공간이다. 보행자를 배려한 친절한 모습은 아니지만, 필지의 형태적 특성상 만들어진 모서리의 뾰족한 삼각형 외부공간을 어떻게 처리할지 고민이 많았던 것 같다. 끝을 뾰족한 모양으로 가공한 둥근 단면의 철재 봉으로 난간을 둘렀다.

해장국 간판에 가려져 보이지 않는 창의 안쪽에는 피아노라는 글씨가 아직 남아있다. 아마도 2층에 '이화 피아노학원'이 있었던 모양이다. 지금은 봉재 관련 작업장으로 사용되고 있다. 가려진 피아노 글씨에서 이 독특한 건물을 오르락내리락했을 어린이들의 웃음소리가 들리는 듯했다. 땅의 특성상 이 건물을 철거하고 건물을 신축하기는 쉽지 않아 보인다. 이 건물의 개성과 매력을 알아보는 누군가의 손길을 통해 '율곡로 플랫아이언'으로 그 자리를 계속 지켜주면 좋겠다.

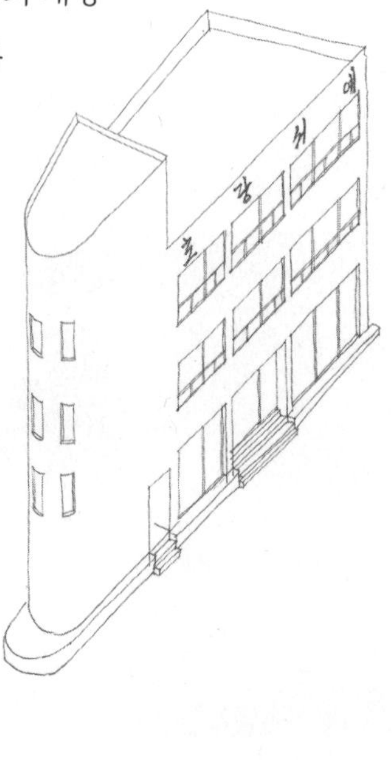

앵구주택지와 동호로의 흔적

중구 동호로 165
(신당동 372-44)

내 첫 근무지는 신당동이었다. 1년 반 정도의 짧은 기간이었지만 두 가지가 인상적이었다. 떡볶이만 유명한 줄 알았던 신당동에 강남처럼 가지런히 정돈된 단독주택지가 넓게 조성되어 있다는 것, 지하철 3호선을 타고 퇴근하는 길에 한강을 건너며 붉은 노을과 붉은 한강의 풍경을 볼 수 있다는 것. 한동안 잊고 있었는데 십수 년이 지나 우연히 약수역에 들렀다가 그때 생각이 났다. 20대 후반의 나를 찾는 기분으로 근처를 돌아볼 요량이 생겼다.

20년이 짧지 않은 기간이었나 보다. 새로운 건물이 많아지고 상점도 많이 바뀌었다. 어떤 골목은 아주 생소했다. 그렇게 거리를 걷다가 이 건물을 발견했다. 카페 진열대에 곱게 놓인 조각 케이크처럼 생긴 뾰족한 건물. 20년 전이나 지금이나 눈에 띄는 건물은 아니지만 여전히 같은 자리에 같은 모습으로 있었다. 그리고 그날 가장 눈에 띄었다. 신당동, 동호로 변의 그 건물. 이 건물은 어떻게 이런 독특한 형태와 조건을 갖게 되었을까?

최고의 주택지, 신당동

조선시대 신당동은 성밖 동네였다. 동대문의 남쪽에 있는 광희문 밖의 지역이다. 성안에는 묘를 둘 수 없어 죽은 이의 장례행렬이 성밖의 묘지로 갈 때 광희문을 통해야 했다. 그래서 광희문은 시체가 나가는 문, 즉 시구문(屍口門)이라고 불리기도 했다. 그래서였을까? 광희문 밖에는 신을 모시는 당집이 많았다고 한다. 지금도 신당동 지역의 골목을 이리저리 걷다 보면 대나무에 붉은 깃발을 높이 내건 당집을 심심치 않게 볼 수 있다. 신당동이라는 동네 이름도 예부터 당집이 많은 데서 유래했다고 한다.

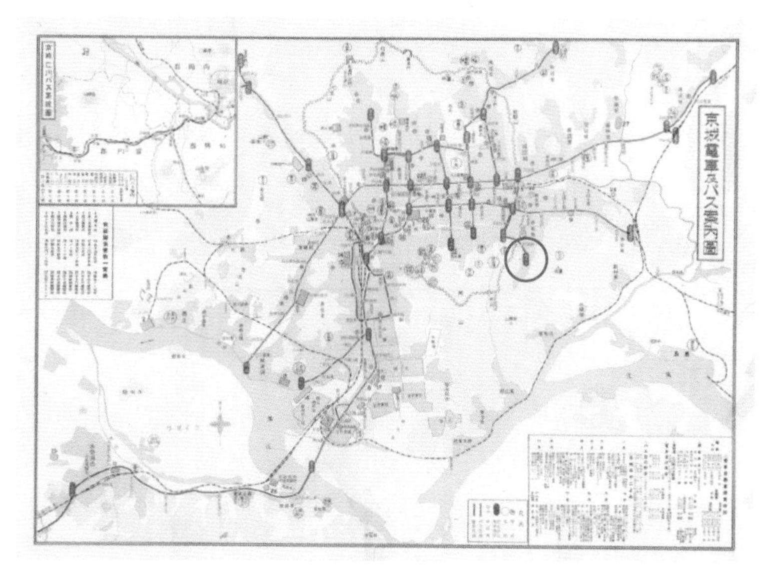

일제강점기에 장충동과 신당동에 대규모 전원주택지가 조성되면서 일대를 운행하는 버스 노선이 생겼다. 〈경성 버스 및 전차 안내도〉. 출처: 서울역사박물관, 《서울전차》, 2019

일제강점기에 장충동과 신당동에 대규모 전원주택지가 조성된다. 동대문에서 남산으로 이어지는 성곽이 훼철되고, 너른 신흥주택지가 조성된다. 1937년 경성전기에서 제작한 〈경성 버스 및 전차 안내도〉에서는 장충단에서 동쪽으로 성곽을 넘어 앵구 정류장으로 이어지는 버스 노선이 확인된다. 앵구 정류장은 조선도시경영이 개발한 '앵구(櫻丘) 주택지' 앞에 있다. 앵구 정류장은 지금의 약수역 근방이고, 앵구는 광복 이후 청구동의 어원이 되었다. 이렇게 일제강점기부터 외곽의 너른 주택지로 개발된 신당동 지역은 1980년대 강남 개발이 본격화하기 전까지 서울의 대표적인 부촌이었다. 이름만으로도 한국 현대사에서 자주 등장하는 사람이 많이 살았다.

삼성그룹의 창업자 이병철과 현대그룹의 창업자 정주영도 이 지역에 살았다. 박정희 전 대통령도 권력을 잡기 직전 약 3년간 살았다. 박정희가 살던 신당동의 주택은 2008년에 등록문화재로 지정되었다. 신당동 옆 청구동은 군사정권의 권력자이자 3김 정치 주역 가운데 한 명인 김종필 씨의 집이 있는 것으로 유명하다. 반듯하고 너른 필지, 도심과 가까운 접근성, 남산의 동쪽 자락으로 매봉산과 대현산으로 이어지는 자연요소까지 더해져 서울의 최고 주택지 중 한 곳으로 꼽혔다.

1985년

일제강점기에 경성의 전원주택지로 개발되어 20세기 중반까지 서울의 고급 주택가였던 신당동에 도시적으로 큰 변화가 생긴 시점은 1985년이다. 1980년대 초반의 서울은 86아시안게임과 88서울올림픽을 준비하느라 곳곳이 공사현장이었다. 신당동 지역도 도로 신설과 지하철 3호선 공사가 한창이었다. 1985년 2월 동호대교가 개통된다. '동호'는 한강의 지명에서 따왔다. 한강에서 강폭이 넓은 지역은 예로부터 호(湖)라는 명칭을 붙였는데, 중랑천이 한강과 만나 폭이 넓어지는 유역을 동쪽의 호(湖), 즉 동호라 불렀다. 동호로와 동호대교가 바로 이 동호를 지나기에 그 이름을 붙인 것이다. 동호로는 신당동과 금호동을 지나고 동호대교로 한강을 건너 강남의 압구정동과 도산대로로 연결되었다. 서울의 구도심과 강남을 잇는 도로가 통과하면서, 신당동 지역은 산으로 둘러싸여 아늑한 주거지에서 강북과 강남의 통과 거점이 되었다.

동호로가 강북과 강남을 잇는 방향은 반듯하게 택지 개발된 신당동 지역의 기존 가로방향과는 달랐다. 그래서 동호로와 신당동의

1 동호대교 공사 모습, 1982. 출처: 서울사진아카이브

2 금호터널 공사 모습, 1983. 출처: 서울사진아카이브

생활가로는 서로 어긋났고, 이 모습은 지도에 고스란히 남았다. 신당동을 지나는 동호로의 남쪽과 북쪽의 생활가로를 이어 보면 길과 길이 일치하고, 직각의 각도가 일치한다. 동호로 남쪽과 북쪽이 본래 하나의 도시조직이었던 것을 눈으로 확인할 수 있다. 하나였던 신당동 주거지 위를 1985년에 동호로가 뚫고 지나간 것이다. 이때 동호로에 접한 필지들은 잘려나갔고, 남은 필지는 이형으로 조각났다. 동호로 165(신당동 372-44번지)가 20세기 초 신당동 지역에 들어선 주택지 조직과 함께 20세기 후반 서울 도시구조의 변화를 고스란히 담고 있게 된 배경이다. 지금 뾰족한 삼각형 형태를 하고 있는 동호로 165는 이렇게 생겨났다.

땅의 역사와 흔적을 살폈으니, 이번에는 건물을 살펴보자. 동호로 165에는 동호로가 생기기 전부터 건물이 있었다. 건축물대장에서 확인해보니, 동호로가 생기기 20년 전인 1965년 11월 25일에 준공된 건

물이다. 1985년 동호로가 개통되면서 이 건물의 북동쪽이 잘려나간다. 약수역 5번 출구에서 보이는 건물의 북동쪽 입면이 이때 잘린 부분이다. 동호로 공사로 건물의 북동쪽이 잘렸을 때는 건물 내부가 훤히 보였을 것이다. 아마도 시멘트 벽돌로 상처를 봉합하고, 새로 창과 문을 설치했을 것으로 추측된다. 비용 문제가 있었는지 구조적인 문제가 있었는지 알 수는 없지만, 붉은색 뿜칠로 저렴하게 마감했다. 남은 건물의 형태가 이형이고, 실내 면적도 넓지 않으니 비용을 많이 들여 수습하기보다는 건물로 기능만 할 수 있을 정도의 방법을 택한 것 같다.

건물을 돌아 반대쪽인 남서쪽 입면을 살펴보자. 페인트가 두텁게 칠해진 콘크리트 구조와 돌출된 캐노피 그리고 붉은 벽돌로 마감한 2층 입면이 보인다. 1960년대 서울의 상가건물에서 볼 수 있는 전형적인 모습이다. 남서쪽의 입면에는 1965년 준공 당시의 모습이 남아있다. 1층의 넓은 창 안쪽에는 콘크리트 기둥에 흰색 타일이 붙어 있고, 2층에는 검붉은색과 붉은색 두 가지 벽돌이 섞여 있다. 검붉은 벽돌의 흔

구도심과 강남을 잇는 동호로는 일제강점기에 개발된 신당동 주택지의 가로와 어긋난 방향으로 뻗으면서 주변에 이형 필지를 만들었다.

적을 살펴보면, 2층에는 본래 커다란 정사각형 형태의 창이 있었던 것을 알 수 있다. 용도의 변화가 생기면서 큰 창의 일부를 벽으로 막고 작은 창을 설치했다. 이때 기존 벽돌과 같은 색을 구하지 못했던 것이다. 창을 막을 때 사용된 벽돌이 건물의 뾰족한 모서리에도 사용되었다. 건물이 잘려 나갈 때 상처난 모서리를 붉은 벽돌로 수습한 것이다.

엄지
노래연습장
녹두던
삼원카센타
2236-3449
중고차

동호로 165는 대지면적이 16㎡이고, 1층과 2층의 바닥면적이 각각 13.59㎡이다. 현재 용도지역이 준주거지역이고, 지구단위계획이 수립된 구역에 속한다. 철거를 하고, 단독으로 새로운 건물을 신축하는 것은 어려워 보인다. 주차구획 한 면의 크기가 11㎡인 것을 생각해보면 현재의 건물이 얼마나 작은 크기인지 짐작을 할 수 있겠다. 1층은 내가 신당동에 있는 건축사사무소에서 직장생활을 시작하던 때부터 지금까지 '삼원 카센터'가 영업하고 있다. 건물 내부에서 차량을 정비하는 것은 불가능하다. 내부에는 자동차 부품과 작업도구를 보관하고, 자동차 정비는 건물 앞 길에서 하는 구조다. 지하철 3호선 약수역 5번 출구 앞이라는 입지 조건 때문인지 동호로 변으로 13.59㎡를 다시 나눠서 붕어빵 가게가 오래 영업하다가 최근에는 옛날 과자를 내어놓고 판매를 하고 있다. 작지만 경쟁력 있는 입지임을 보여준다.

흥미로운 것은 2층과 옥상도 마찬가지다. 일단 오르는 계단이나 동선이 보이지 않는다. 옥상에 난간과 사다리 같은 물건이 보이는 것으로 미루어 사람이 올라가는 동선은 분명 있는 것 같았다. 길을 건너 멀리서 바라보니 옆 건물 3층에서 이 건물 옥상으로 나오는 문이 보였다. 서로 다른 건물이지만, 서로 붙어있는 동호로 167(신당동 372-7번지)과 연결해서 사용하고 있었다. 건축물대장을 확인해보니, 동호로 167과 동호로 165가 2018년 같은 날 같은 소유자에게 소유권이 이전되었다. 두 건물의 소유자가 같아서 가능한 것이다. 동호로 167은 1955년에 준공된 건물로 건축물대장에 등록된 규모와 현황이 많이 달랐다. 건축물대장에도 위반건축물로 표기되어 있다. 이러지도 저러지도 못하는 조각 땅에 건물이 존재하기가 쉽지 않음을 보여주는 것 같아 착잡한 마음이 들었다.

해질녘이 되었다. 동호의 해넘이 풍경이 보고 싶어졌다. 집으로 돌아가는 방향과는 반대 방향인 압구정역 방향의 전철에 몸을 실어본다. 신당동에 전원주택 택지개발이 이루어지던 100년 전이나 동호로와 동호대교가 개통되던 40년 전이나 동호에서 바라보는 해넘이 풍경은 지금과 같이 붉었을 것이다. 압구정역에서 되돌아 동호의 해넘이를 한 번 더 보고 돌아왔다.

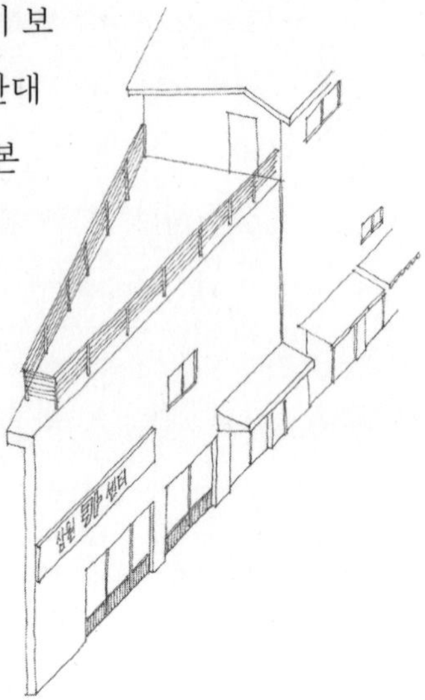

조선의 명승지 삼청동의 상처

종로구 북촌로 137
(삼청동 27-10)

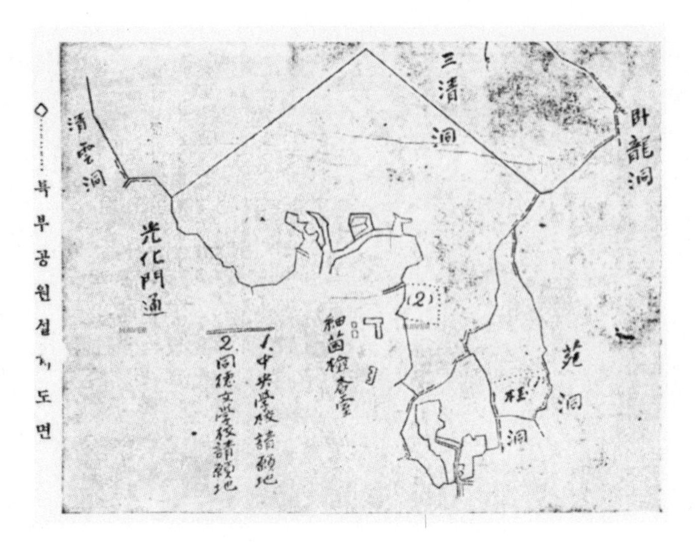

《동아일보》 1928년 8월 16일자에 소개된 북부공원 설계도면. 공원을 계획했으나 동덕여학교와 중앙학교에서 불하원을 제출한 곳이어서 어려움을 겪고 있다는 기사와 함께 게재된 도면이다. 공원은 1934년 3월에 삼림공원이라는 이름으로 조성된다.

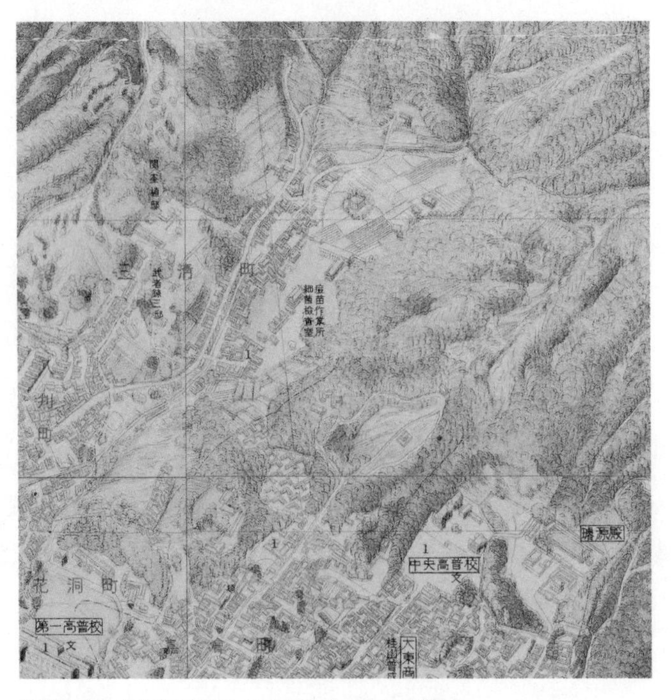

삼청동 일대, 〈대경성부대관〉, 1936. 출처: 서울역사박물관

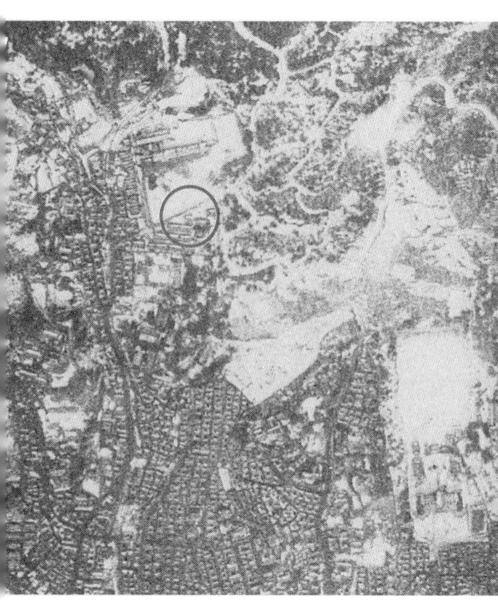

삼청동 일대 항공사진

인왕산 아래 서촌에 이사온 때는 2006년 여름이었다. 서촌에서도 인왕산과 가장 가까운 누상동에 살았는데, 북향으로 자리한 거실은 북악산을 마주하고 있었다. 매일매일의 북악산 모습이 좋아서 지금까지 누상동에 살고 있는지도 모르겠다. 멀리서 바라만 봐도 기분 좋은 북악산이다.

북악산은 조선시대에도 명승지로 유명했다. 특히 도성의 북쪽 지구이자 경복궁의 동북쪽에 위치한 삼청동은 경치가 좋다는 기록이 많았다. 조선 중기의 문신 용재 성현은《용재총화》에서 한양도성에서 경치가 가장 좋은 곳으로 삼청동을 꼽았고, 한양도성 안과 밖에 걸쳐 있는 승경지를 여덟 가지 주제로 노래한 〈국도팔영〉에서는 삼청동을 '삼청녹음'이라 했다. 조선후기의 풍속지인 유득공의《경도잡지》와 홍석모의《동국세시기》에서도 삼청동의 경치가 좋아 시인과 묵객이 즐겨

찾았다고 기록하고 있다. 또한 장안의 부녀자들이 정월대보름이면 그 해의 액운을 막기 위해 삼청동 깊은 골짜기를 올라 숙정문까지 세 번 왕래했다는 이야기가 전해지는데, 삼청동 깊은 골짜기는 지금의 삼청공원 부근이다. 삼청공원은 일제강점기인 1934년 3월에 삼림공원이라 이름 붙여 공원으로 조성했고, 1940년 3월에 도시계획 공원으로 지정된다. 지정 당시 140개의 계획 공원 중에서 제1호로 지정되었으니 이것도 의미가 있다.

북촌로

이렇게 20세기 중반까지 서울에서 경치로는 둘째가라면 아쉽고, 서울시민이라면 모두가 사랑하는 곳이 북악과 그 자락의 삼청동이었다. 하지만 하루아침에 출입이 통제되고 경비가 삼엄해지는 사건이 생겼다. 1968년 1월 21일 북한군 124부대 소속 무장군인 31명이 휴전선을 넘어 북악산까지 내려와 청와대를 기습하려 했다. 1.21사태다. 교전 끝에 김신조를 생포하고 나머지는 소탕하며 마무리되었지만, 북악산과 그 주변은 이후 큰 변화가 생겼다. 입산과 통행이 제한되었다. 군부대가 배치되고 군사용 도로가 개설되었다.

1.21사태가 있었던 그해. 1968년 10월 북악산 능선을 따라 북악 스카이웨이가 개통된다. 목적은 1.21사태의 대응책으로 마련한 군사용 도로였지만 워낙 경치가 좋은 서울의 명승지를 관통하다 보니 1970년대에는 대표적인 드라이브 코스가 되었다. 북악 스카이웨이가 능선을 따라 동서로 만들어진 도로라면, 시내에서 북악을 오르는 남북방향의 길도 만들어진다. 1970년 삼청터널이 뚫리면서, 경복궁 동쪽 삼청로가 북악산 능선을 지나 성북동과 북악 스카이웨이로 이어졌다. 이때 삼청

동에서 와룡공원 쪽으로 올라 성북동으로 연결되는 북촌로도 개통된다. 북촌로가 개통되고 감사원 삼청동 청사가 1971년 들어섰다.

북악산을 중심으로 서쪽으로는 인왕산, 동쪽으로는 정릉동, 돈암동, 종암동까지 이어지는 자동차 전용도로가 북악산 능선을 갈랐다. 물이 흐르고 사람이 걷던 작은 길이 자동차가 다니는 너른 길로 확장되고 새로 길이 생기면서 삼청공원은 조금씩 조금씩 도로와 건물로 잠식되었다. 이렇게 규모가 줄어들긴 했지만, 다행히도 1984년 본격적으로 공원이 조성되기 시작했다. 1990년에는 서울시의 공원 조성계획도 수립되어 체계적인 관리가 이루어진다. 공원이 잘 갖춰져서인지 1992년에는 경동교통과 군포교통의 공동 배차로 서울역과 삼청공원을 잇는 도시형버스 104-2번 노선도 개통된다. 버스노선까지 생기면서 시민들의 이용이 편해졌고, 공원 이용자도 늘었을 것이다. 104-2번 버스를 운영하던 군포교통 삼청 영업소는 1995년 삼청교통으로 분리되었고, 104-2번 버스는 2004년 7월 서울시 버스체계 개편 때 마을버스 종로11로 변경되어 지금에 이른다. 종로11번 마을버스는 노선은 짧지만, 서울역, 숭례문, 시청, 세종문화회관, 경복궁, 국립민속박물관 등 서울 도심의 중요한 장소를 모두 지나서 삼청공원까지 올라가는 숨겨진 보물 같은 마을버스다.

종로11번 종점인 '삼청공원' 정류장에 내려도 괜찮지만 삼청공원 정문은 이전 정류장인 '삼청동주민센터' 정류장이 가깝다. 삼청동주민센터 정류장에 내려 삼청공원으로 가는 길은 삼청로에서 북촌으로 넘어가는 왕복 2차선의 북촌로를 따라 올라야 한다. 1971년 감사원이 들어서면서 감사원길이라고도 불리는 북촌로는 1970년 삼청터널이 개통될 때 왕복 2차선 도로로 넓게 뚫렸다. 노상에 공영주차장을 운영할 만큼 필요 이상으로 넓다. 북악산과 만나는 삼청로의 끝자락에 있고, 통행량도 많지 않은데 넓어도 너무 넓다. 삼청동 주민센터에서 삼청공원으로 이어지는 이 길에서는 도로가 생기면서 잘려나간 필지와 건물을 여럿 볼 수 있다. 1.21사태 이후 북악산과 주변 능선에 도로를 만들던 당시의 상황이 남긴 흔적이다.

북촌과 삼청동 일대 변화를 그대로 보여주는 북촌로 137

그중에서도 눈에 띄는 것은 북촌로 137(삼청동 27-10)이다. 이 땅의 건축물대장을 살펴보면, 준공일자가 무려 1937년 9월 9일이다. 삼림공원이 만들어진 1934년 이후 공원 가까이에 만들어진 2층 집이었다. 지하실까지 있는 것을 봐서는 당시 상당한 재력가가 지은 집이 아니었을까 짐작해본다. 1.21사태의 영향으로 1970년 전후에 삼청터널과 북촌로가 개통되면서 이 땅과 건물은 도로선형을 따라 잘린다. 본래의 땅 모양을 유지하고 있는 북촌로 137-4(삼청동 27-11)의 면적이 약 80㎡이고, 잘리고 남은 북촌로 137의 면적이 약 40㎡ 정도인 것을 미루어 짐작하면, 땅과 건물이 절반 정도 도로에 편입된 것으로 보인다. 게다가 도로와 땅의 방향이 어긋나면서 날카롭고 뾰족한 삼각형 형태로 땅과 건물이 남았다.

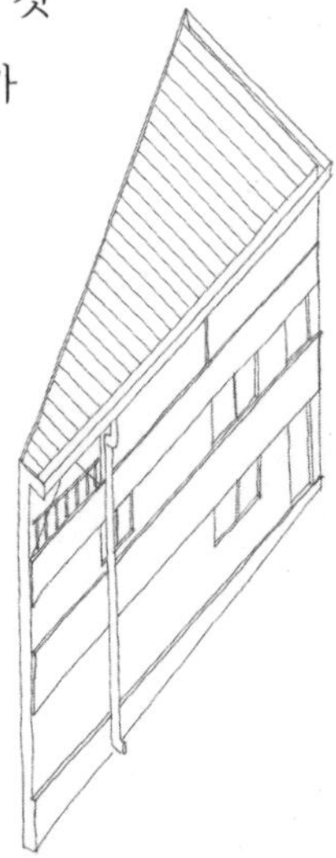

남은 절반의 건물은 그대로 유지하며 40년 가까이 주택으로 사용되었던 것 같다. 도로가 생기고 버스도 다녔지만 북악산 주변은 아직 출입이 통제되고 경비가 삼엄한 분위기에서 주택 외에 다른 용도로 사용하기는 어려웠을 것이다. 변화가 생긴 것은 북촌과 삼청동 일대를 대상으로 2001년부터 북촌 가꾸

기 사업이 시작되면서부터이다. 2006년에는 38년 만에 북악산 등산로도 개방되고, 2007년과 2010년에는 도시관리계획에 해당하는 지구단위계획이 수립된다. 40년 가까이 상처를 안고 있던 이 건물은 북악산 등산로가 개방된 2006년에 이르러 용도변경을 한다. 주택에서 제2종 근린생활시설(사무소)로 용도가 바뀐 것이다. 북촌과 삼청동의 유동인구가 많아지면서 시내와 가까운 쪽은 음식점이나 상점으로 용도변경된 경우가 많았지만, 삼청공원에 가까운 이곳은 사무소 정도의 수요가 있었던 것 같다. 하지만 한번 시작한 변화의 속도는 빨랐다. 7년 뒤 2013년에 일반음식점으로 다시 용도변경이 된 것이다. 2000년대 이후 빠른 속도로 상업화하면서 사회적으로도 이슈가 되었던 북촌과 삼청동 일대의 사회상을 그대로 보여준다.

북촌로에서 골목으로 들어가면 이 건물이 지어진 1937년 모습이 남아있다. 붉은 벽돌로 두텁게 벽을 쌓은 조적식 내력벽 위에 2층 바닥에 해당하는 콘크리트 슬래브가 보인다. 그 위 2층 벽도 1층과 마찬가지로 붉은 벽돌을 쌓았다. 벽은 벽돌을 쌓은 내력벽이고, 바닥만 철근 콘크리트 슬래브로 만든 연와조이다. 건축물대장에 기록된 연와조와 일치한다. 반면 북촌로와 마주한 건물의 입면은 1970년 전후에 잘려나가고 새로 만든 입면이다. 출입구와 창을 새로 만들고, 2층 위 옥상 공간까지 입면을 올려 마치 3층 건물처럼 보인다. 로드뷰로 지난 10년간의 변화를 살펴보면 2010년까지 설치미술처럼 보이는 알록달록한 입면이 보인다. 주택에서 사무소로 용도 변경하면서 만든 모습으로 보인다. 2011년에는 붉은 고벽돌을 붙이며 단정한 외관으로 변한다. 외관은 현재까지 이 모습을 유지하고 있지만, 카페 이름이 바뀌는 것을 확인할 수 있다.

Since 1973
도가니탕
專門店
Since 1973
도가니탕
專門店
선의 일지
Gallery Marron

골목 안쪽 주택이었던 건물이 갑자기 큰 길가를 마주하게 되었을 때 어떻게 살아남을 수 있는지 잘 보여주는 북촌로 141

북촌로 141(삼청동 27-14)도 마찬가지 상황이다. 1970년 도로가 개통될 때 잘려나갔다. 잘린 상처를 수습한 방법이 북촌로 137-4와 조금 다르다. 본래 모습을 유지하고 있는 작은 골목 쪽 모습이나 새로 생긴 북촌로 쪽 모습이 같다. 흡사 원래 그런 모습의 건물인 것처럼 보인다. 북촌로 141에서는 1973년에 문을 연 부영 도가니탕 집이 아직도 영업 중이다. 옆집인 북촌 진곰탕 집도 1978년부터 지금까지 40년 넘게 영업하고 있는 것을 보면 골목 안쪽 주택이었던 건물이 갑자기 큰 길가를 마주하게 되었을 때 어떻게 살아남을 수 있는지 보여주는 것 같다.

삼청동 주민센터에서 삼청공원으로 오르는 북촌로 한편에는 이렇게 삼청로의 근현대 도시변화를 온몸으로 보여주는 땅과 건물이 자리하고 있다.

중일전쟁과 1기 신도시의 사이

은평구 수색로 342
(수색동 315-1)

2011년 퇴사를 하고 무엇인가 해보겠다고 마련한 작은 공간이 마포구 상암동 디지털 미디어시티(DMC)에 있었다. 상암동 DMC는 1997년에 개발계획이 수립되었다. 2002년 한일월드컵을 준비하던 시기로 상암동에는 월드컵경기장이 들어설 예정이었다. DMC의 용지 공급이 2002년 시작되고 2006년 1단계 사업이 준공되었다. 우리는 2008년에 준공된 DMC첨단산업센터에서 서울시가 운영하는 창업지원센터의 작은 부스 하나를 얻어 사용하고 있었다. 당시에는 동아일보, 중앙일보, MBC와 YTN 뉴스퀘어 등 여러 미디어의 사옥 공사가 한창이었다. 배후 주거지도 많이 조성되었다. DMC와 난지도 하늘공원 사이에는 상암 월드컵파크 아파트 1단지부터 12단지까지 조성되어 입주도 마무리되었다. 모든 것이 새것이고 새로 만들어지고 있었다. 당시 상암동은 갓 창업을 한 우리에게 별천지 같은 곳이었다.

낯선 풍경

이렇게 모든 것이 새것인 상암동에 낯선 풍경이 있었다. DMC첨단산업센터 건너편 부엉이 근린공원을 산책하다 낯선 건물과 마주쳤는데, 안내문을 요약하면 이렇다. 일본군 경성 사단 장교들이 사용하던 관사 건물로 1930년대에 지어졌다. 1945년 광복 이후 국방부로 소유권이 이전되었다가 1960년대 민간에 매각되었다. 1970년대 개발제한구역에 포함되고, 쓰레기 매립지 인근에 위치해 방치되어 있었는데, SH공사에서 상암 2지구 택지개발을 진행하던 2005년에 발견되어 이렇게 공원 안에 남아 있게 되었다. 궁금증이 생겼다. 일제강점기 일본군이 경성에서도 멀리 떨어진 이곳 수색동에 관사를 왜 만들었을까?

또 한 가지 낯선 풍경은 출근길에 수색교 버스정류장에 내리면 마

1947년 항공촬영한 수색철도관사촌 일대

주하는 주거지의 풍경이었다. 이곳은 남쪽으로 철길과 수색로에 접해 있고, 북쪽으로 경사가 급한 산으로 막혀 좁은 지역이다. 지형적으로 일반적인 주거지역이라고 볼 수는 없다. 수색역에서도 멀리 떨어져 있어 상권이나 주거지가 형성될 만한 곳이 아니었다. 주거지가 생긴다고 하더라도 지형을 따라 길이 생기고, 좁은 길을 따라 이형의 필지들이 생겼을 지형이다. 그런데 이곳의 길은 수색역 앞에 형성된 상업지역의 길보다 넓고 곧았다. 필지들이 마치 신도시에 만들어진 단독주택지처럼 넓고 반듯했다. 새로 지어진 건물이 많았다면 근래에 형성된 개발 지역이구나 하고 지나쳤을 텐데 건물들에서는 세월이 느껴졌다. 분명 오래전 어떤 목적을 가지고 택지개발을 한 모양새였다. 일본군 장교 관사에 이어 또 하나의 궁금증이 생겼다. 이런 외진 위치에 이렇게 반듯한 택지개발을 누가, 언제, 왜 했을까?

수색철도관사촌

의문의 실마리를 찾지 못한 채 우리는 DMC첨단산업센터에서 삼청동으로 자리를 옮겼고, 두 가지 궁금증도 조금씩 잊혔다. 그러던 2014년 겨울, 경의선 복선전철화 사업으로 '용산-공덕' 구간이 완료되면서 용산에서 문산까지 전 구간이 완료되었다는 기사를 접하면서 두 가지 궁금증의 실마리를 찾을 수 있었다. 상암 DMC 북쪽에 위치한 수색역부터 서쪽으로 수색교 넘어까지 끝이 안 보이는 차량기지가 바로 서울과 신의주를 잇는 경의선에 있다는 것이다. 경의선과 수색역 그리고 대규모 차량기지가 실마리였다. 실마리가 보이자 관련 정보를 찾을 수 있었고, 궁금증도 풀리기 시작했다.

수색동은 일제강점기까지 경기도 고양군 연희면에 속한 경성 밖의 외딴 곳이었다. 그런데 일제가 1937년 중일전쟁을 일으키며 상황이 바뀌었다. 일본은 만주와 중국으로 대량의 전쟁 물자를 신속히 보내야 했고, 경성에서 신의주로 연결되는 경의선에 철도물류거점을 만들어야 했다. 1939년 보급기지와 물류거점으로 수색역 지역에 조차장을 건설한다. 당시 부산과 평양의 조차장과 함께 3대 조차장으로 계획된 최대 규모의 조차장이었다. 전쟁을 치르기 위한 배후 보급기지 역할을 하는 조차장이니 가까이 군수 물자를 보관하고 관리하는 부대가 있었을 것이고, 부대가 있었다면 지휘관인 장교들의 숙소도 있었을 것이다. 일본군 장교 관사가 왜 이곳 부엉이 근린공원 안에 남아 있는지 궁금증이 풀렸다.

당시 부산과 평양의 조차장과 견줄 만한 대규모 건설을 위해 특별히 경성건설사무소 산하로 수색공사구가 신설되었다고 한다. 공사를 맡은 수색공사구는 대규모 건설에 걸맞게 대규모로 직원을 채용했고, 이들을 위한 관사가 필요했다. 이때 조성된 수색철도관사촌의 모습이 1947년 항공사진에 남아있다. 일괄 조성한 택지에 같은 규모, 같은 크기, 같은 모습의 관사가 나란히 배치되어 있다. 위치는 지금의 수색교 버스정류장 북쪽이다. 광복 후에는 철도청 직원들이 사용했는데, 1960년대 이후 민간에 매각되었고, 1970년대와 1980년대에 대부분 재건축되었다. 출근길에 낯설게 느꼈던 주거지 풍경에 대한 궁금증도 풀렸다.

수색철도관사촌에 1940년 전후에 지어진 관사는 이제 남아 있지 않다. 하지만 수색역과 수색차량기지가 내려다 보이는 수색철도관사촌 자리에는 아직 그때의 도로와 필지의 모습이 남아있다. 길은 널찍하고 필지들은 반듯한 장방 형태다. 지형을 따라 정남향으로 필지들이 만들어졌다. 그래서 남북방향의 도로는 올라가는 경사로이고 동서방향의 도로는 경사 없는 평평한 도로로 조성되어 있다. 이렇게 남북방향의 직교하는 수색철도관사촌의 도로는 지형을 따라 개성으로 향하는 북서방향의 경의선과 어긋난다. 그래서 경의선과 나란히 달리는 수색로와 관사촌의 직교 도로와 만나는 위치에 삼각형의 날카로운 필지들이 보인다. 1940년대에는 정확히 어떤 모습이었는지 알 수는 없지만, 중일전쟁의 흔적이 수색동의 작은 필지에 남아있는 것이다.

1990년 일산신도시 건설을 계기로 일산과 수색 간 지방도로를 왕복 6차선으로 확장 개통하면서 일대 건물이 잘리거나 철거되었다.

1993년

오랜 궁금증을 해결해 한결 가벼워진 마음으로 수색로에 접한 삼각형 필지와 건물들을 살펴보니 모두 수색로에 면한 1층이 북쪽에서는 높은 지형에 덮여 지하에 위치하고 있었다. 마치 경사지에 절토하고 건물을 지은 모양새다. 수색로에 면하고 삼각 형태로 남아있는 공통점이 있는 필지 세 곳의 건축물대장을 열람했다. 수색로 350(수색동 314-1), 수색로 342(수색동 315-1), 수색로 326(수색동 318-1)이다. 역시 공통점이 있었다. 준공연도는 다르지만 신기하게도 착공 연도가 모두 1993년이다. 1993년에 무슨 일이 있었을까?

수도권의 1기 신도시 가운데 하나인 일산신도시는 1990년 신도시 건설을 시작해 1992년 12월 완공되었다. 1993년은 일산신도시를 포함하는 지역이 고양시 일산구로 분구한 해이다. 기사를 찾아보니 일산

신도시 조성에 따른 교통대책으로 왕복 2차선에 불과했던 일산과 수색 간 9.3km 지방도로를 왕복 6차선으로 확장 개통했다. 바로 수색로다. 수색로의 확폭은 남쪽 철로 쪽으로는 넓히지 못하고, 북쪽 옛 수색 철도관사촌 쪽으로 넓혔을 것이다. 그때 이 필지들의 건물이 철거되고, 1993년에 새 건물을 착공한 것이다.

이 셋 가운데 가장 작은 수색로 342의 건물을 살펴보자. 1993년에 착공했지만 우여곡절이 있었는지 1995년 준공되었다. 동북 방향의 수색로와 정북방향의 옛 수색철도관사촌 길이 만든 삼각형 작은 필지에 땅의 형태를 따라 만들어졌다. 수색로 쪽의 1층은 뒤쪽이 높아 반대쪽에서는 지하로 보인다. 삼각형의 뾰족한 부분은 벽돌의 짧은 마구리 쪽이 밖으로 보이도록 쌓으면서 곡선으로 처리했다. 예각으로 날카롭게 보이도록 할 수도 있었겠지만, 부드러운 곡선으로 처리했다.

방
신
비
니
09모 6546

서울의 서쪽 끝 수색동에서는 20세기 초반과 20세기 후반에 각각 두 개의 대규모 개발사업이 벌어졌다. 하나는 일본 제국주의가 일으킨 중일전쟁의 영향으로 수색철도관사촌이 만들어진 것이고, 다른 하나는 1기 신도시인 일산 개발의 영향으로 6차선으로 확폭된 것이다. 수색로를 따라 일산으로 향하다 보면 이 두 개의 흔적이 교차하는 모습을 볼 수 있는데 바로 수색동의 날카로운 삼각형 필지와 건물이다. 이 작고 이상한 모양의 건물들이 20세기의 굵직한 개발의 흔적을 품고 있다.

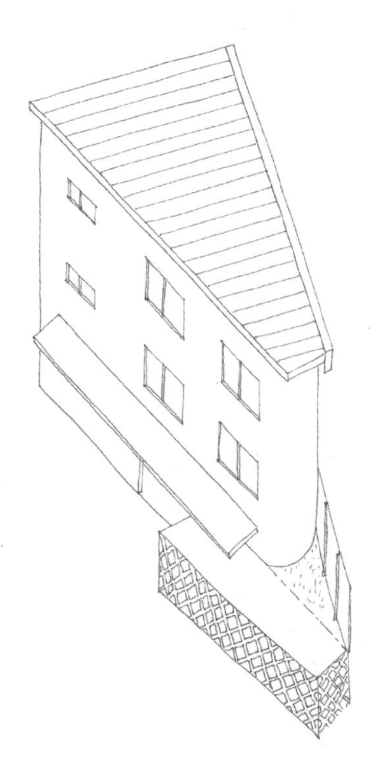

효창, 백범 그리고 남겨진 조각들

용산구 효창원로 146
(효창동 5-508)

1987년 겨울, 나는 청담동에 있는 서울 언북초등학교로 전학했다. 그 무렵 친구들과 자전거를 타고 잠실 서울종합운동장과 서울종합운동장 야구장 옆을 지나다가 놀란 기억이 있다. 13년 인생에서 본 가장 큰 건축물이었다. 서울종합운동장 야구장(잠실야구장)이 1982년 프로야구 출범과 함께 개장했고, 서울종합운동장(잠실운동장)이 1986년 아시안게임을 앞두고 1984년 개장했다. 비슷한 시기 스케이드보드를 사고 싶어 용돈을 모은 나는 동대문운동장을 찾아갔다. 강남세무서(현 강남구청) 건너편에서 63-1번 버스를 타고 동호대교를 건너 동대문운동장 앞에 내렸을 때, 잠실과는 다른 별천지 세상을 만났다. 야구, 축구, 배드민턴, 스케이트는 물론 롤러스케이트나 스케이트보드 같은 스포츠 용품이 없는 것 빼고 다 있었다. '찰리와 초콜릿 공장'을 구경하는 기분이었다.

이화여자대학교 강미선 교수에게 효창원로 146(효창동 5-508)의 건물을 소개받았을 때 가까이에 효창운동장이 있는 것을 확인했다. 그리고 서울종합운동장 옆을 자전거로 지나가던 기억과 63-1 버스를 타고 동대문운동장 앞에 내려 설렜던 초등학교 6학년 때 기억이 떠올랐다. 어릴 적 생각을 하며 효창원로 146만 볼 것이 아니라 효창동 일대를 여기저기 자전거를 타고 둘러봐야 겠단 생각이 들었다. 휴일 아침, 평소보다 든든하게 아침식사를 하고 자전거 페달을 밟았다. 서촌을 출발해 광화문, 남대문, 서울역을 지나 숙명여대역까지 완만한 내리막을 신나게 달려왔는데 효창공원을 오르는 청파로 45길은 만만치 않았다. 효창운동장은 어쩌다가 산 위에 만들었을까? 동대문운동장과 잠실운동장과 달리 운동장이 산 위에 있는 것을 의아해하며 거친 숨을 내쉬며 자전거를 끌고 올랐다. 언제부터 산 위에 운동장이 있었던 걸까?

효창운동장

효창동은 본래 한양 밖 고양시에 속한 곳이었다. 정조는 첫째 아들 문효세자가 일찍 죽자 이곳에 묘를 조성하고 묘소 이름을 효창묘(孝昌墓)로 했다. '효창'이라는 이름의 시작이다. 1870년 고종 때 효창원(孝昌園)으로 승격되고, 문효세자의 생모인 의빈성씨의 묘, 순조의 후궁인 숙빈박씨와 박씨의 소생 영온옹주의 묘 등이 있어 조선왕실의 묘역으로 관리되었다. 그런데 청일전쟁 시기인 1894년부터 일본군이 용산 지역에 주둔하며 이곳을 숙영지로 사용하기 시작하더니 문효세자의 묘를 경기도 고양시의 서삼릉으로 이전하며 1940년에 조선총독부 고시로 '효창공원'을 만들었다. 광복을 맞이하고 이듬해, 1946년 이곳에 윤

일제는 1924년 효창원의 일부를 공원용지로 책정해 개방했다. 지도에는 '기설공원 및 운동장'으로 표시되어 있다. 기설공원 및 운동장, 계획대공원, 계획근린공원, 계획운동장, 자연공원과 함께 계획된 주요 간선도로망을 표시한 〈경성부공원계획지도〉, 1920년대 후반 추정. 출처: 서울역사박물관

봉길, 이봉창, 백정기 삼의사의 유해와 이동녕, 조성환, 차이석 3인의 유해를 모셨다. 삼의사의 묘 옆에는 유해를 찾지 못한 안중근 의사의 가묘도 함께 조성되어 있다. 1949년 백범 김구는 독립을 바라며 목숨을 던지신 삼의사와 함께 이곳에 안장되었다. 독립운동가들의 묘역이 된 것이다.

그런데 무슨 연유로 이곳에 운동장이 만들어진 것일까? 한국전쟁의 상처가 아물기도 전인 1958년 대한민국은 아시아축구연맹(AFC) 주최의 제2회 아시안컵을 유치했다. 그러나 이 대회를 치를 경기장이 없는 것이 문제였다. 일제강점기 때 만들어진 동대문운동장이 있었지만, 국제규격을 만족하지 못하기에 그곳에서 아시안컵을 치를 수 없었다. 독립운동가를 모신 효창원 일대에 경기장 건설을 반대하는 의견이 많았지만 땅도 없고 돈도 없고 시간도 없었다. 김구의 묘와 삼의사 묘역 앞에 1959년 착공해 이듬해인 1960년 효창운동장을 개장하고 기어이 AFC 아시안컵 대회를 치러냈다. 1956년 제1회 아시안컵 우승국인 대한민국은 이 대회에서도 우승하며 흥행까지 이룬다. 우리나라 최초의 국제규격 축구경기장인 효창운동장 탄생 배경이다.

이후 박정희 정권은 김구의 묘역을 남산으로 옮기고 이곳에 골프장 건설 계획을 세웠으나 반대로 실행하지 못하고, 1969년 반공투사 위령탑과 1972년 노인회 서울시연합회와 대한노인회중앙회 시설을 김구의 묘 옆에 건설한다. 그러면서 일제강점기 시절 숙명여대역 쪽에서 진입하는 도로 외에 남쪽에서 올라오는 작은 진입로를 넓게 확장하기 시작했다.

〈대경성부대관〉을 살펴보면 효창원의 남쪽기슭은 일제강점기 때 철도관사촌이 대규모로 개발된 곳이다. 관사촌 중심에는 초등교육기

효창원 남쪽 기슭 철도관사촌 일대,
〈대경성부대관〉, 1936.
출처: 서울역사박물관

1959년 효창운동장 공사를 계기로 조금씩 확장되던 효창원로는 1978년이 되어서야 4차선으로 개통된다.

관인 용산보통공립학교가 1918년 자리를 잡았다. 철도관사촌은 지금의 효창동 5번지 일대를 모두 아우른다. 용산보통공립학교는 1946년 금양공립국민학교로 교명이 변경되었다. 지금은 서울금양초등학교다.

효창원로 146

효창원로 146은 효창동 5번지에 조성된 철도관사촌 필지 중 하나다. 효창동 5번지 일대의 필지는 일제강점기 때 조성된 격자형의 도로와 대지 형태를 아직 유지하고 있고, 당시의 목조 관사건물이 아직 남아 있기도 하다. 효창동 5번지 중심도로인 금양초등학교 앞길이 조금씩 확장되며 주변 필지가 잘려나간 것은 효창운동장이 만들어진 1960년대부터였을 것으로 추정된다. 효창원로 146의 건물도 1963년 준공된 것으로 건축물대장에 기록되어 있다. 하지만 일제 강점기 철도

관사촌이었고, 1960년대에도 나름 힘 있고 재력을 갖춘 사람들이 거주해서 그랬는지 알 수는 없지만 도로 확장은 더디게 진행된 것 같다. 1972년 항공사진을 살펴보면 효창원로 146 동쪽은 하천이 있고, 서쪽은 도로로 사용되는 넓은 공터가 보이지만 북쪽과 남쪽으로 더 이상 도로가 넓혀지지 않았다. 1976년 항공사진에는 중간 중간 남아있던 하천들이 복개되어 도로가 생긴 모습이다. 1978년 항공사진에서야 효창원로 146의 건물모양에 맞춰 왕복 4차선 도로가 남북으로 개통된 것이 보인다. 지금의 효창원로다. 효창원로 146은 일제 강점기에 조성된 격자형태의 철도관사촌 조직 위

효창종합사회복지

에 1960년 효창운동장 개장이후 조금씩 확폭 개통된 효창원로가 충돌하며 잘린 조각이었다.

백범로 284

넓어진 효창원로는 어디로 이어질까? 1976년 항공사진에는 없지만, 1978년 항공사진에는 지금까지 보이지 않던 넓은 도로가 눈에 들어온다. 용산 삼각지에서 공덕오거리를 지나 신촌로터리로 이어지는 백범로다. 백범로는 용산역에서 갈라진 경의선을 따라 만들어졌는데, 경의선을 따라 나란히 들어섰던 건물들은 백범로가 만들어지면서 철로와 도로 사이의 얇고 좁은 필지들과 이어지게 된다. 철길에 면해 도시의 이면으로 버려지다시피한 이런 필지들이 최근 반전을 맞이했다. 경의선이 지하화되면서 지상에 경의선공원이 조성된 것이다. 다가갈 수도 없고, 시끄럽기만 해서 등지고 애써 외면했던 철길이 공원화되자 건물은 출입구를 돌려세웠고 아파트가 줄지어 들어섰다. 최근 백범로와 경의선공원을 따라 벌어지는 반전과도 같은 모습이다. 그럼에도 옛 도시조직은 작은 조각을 어떻게든 남기기 마련이다.

효창원로와 백범로가 만나는 효창공원앞역 6번 출구에 서면 마주보는 얇은 건물이 있다. 백범로 284(효창동 243-1번지외 1필지) 건물은 건축물대장에 1954년에 지어진 목조건축물로 기록되어 있다. 한국전쟁이 끝나고 이듬해에 지어진 단층 건물이다. 백범로는 1970년대 후반이 되어서야 만들어졌으니 이 땅과 건물은 백범로가 만들어질 때 잘리고 남은 것이 분명하다. 건축물대장에는 대지면적이 적혀 있지 않다. 토지대장상 효창동 243-1번지는 13.3㎡이고, 인접한 도로를 제외하고 서쪽에 붙은 243-4번지가 대지인데, 불과 1.6㎡다. 두 필지의 면적 합계

PRUGIO
대성건재
713-5310
떡볶이
순대
3000원
물냉면개시
W4000
포장됩니다

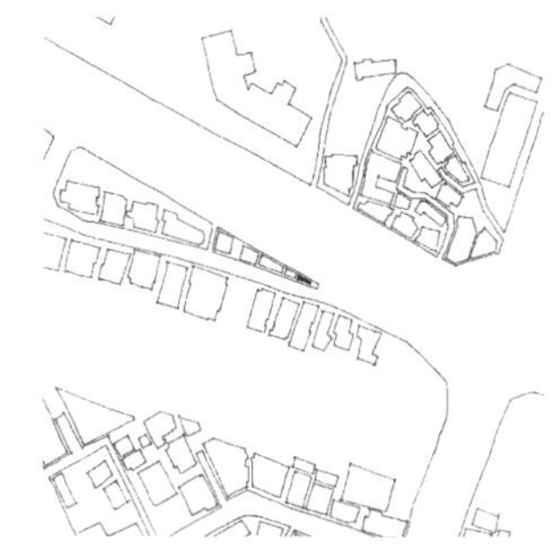

는 14.6㎡다. 장애인 주차구획의 법정크기는 3.3×5m로 면적은 16.5㎡다. 장애인 주차구획 1개의 크기보다 작은 땅이다. 난감한 것은 16.9㎡라고 기록된 건축면적이다. 대지의 면적보다 건축물의 면적이 더 크다. 이런 경우 기존 건물을 철거하고 신축하는 방법을 선택하기 어렵다. 인접한 땅과 합쳐서 함께 신축하거나 지금 상태로 고쳐 쓰는 방법이 유일하다.

효창원로가 만들어지며 잘려나간 효창원로 146과 백범로가 만들어지면 잘려나간 백범로 284 땅과 건물은 지난 100년간의 효창동 역사를 몸으로 보여주는 중요한 흔적 조각이다. 토지주 입장을 알 수는 없지만, 이 건물들이 오래도록 자리를 지켰으면 하는 바람으로 한참 바라보다 아쉬운 맘으로 자전거 페달을 다시 밟았다.

0 2 4 6 8 10 km

1 율곡로19길 7(충신동 53-1)
율곡로19길 9(충신동 50)
율곡로19길 9-1(충신동 51)
율곡로19길 4(충신동 53-8)

2 성균관로1길 6-6(명륜3가 148-1)
대명길 45(명륜4가 183)
대학로11길 51(명륜4가 185)

3 두텁바위로 5(갈월동59-8)
청파로45길 4(청파동3가 24-6)
청파로 277(청파동3가 22-2)
통일로 181(영천동 336 외)

4 은평로 85(응암동 91-8)

5 한남대로21길 27(한남동 78)
대사관로30길 23(한남동 631-5)
한림말길 41-5(옥수동 196-1)

6 월드컵북로 12(동교동 206-14)
월드컵북로8길 3(연남동 487-391)

7 도봉로10길 34(미아동 860-163)
도봉로8길 58(미아동 860-43)

물길의 흔적

의형제가 된 율곡로의 세 집

종로구 율곡로19길 7 외
(충신동 53-1 외)

북악산 삼청동, 인왕산 인왕동, 남산 청학동, 인왕산 백운동 그리고 낙산 쌍계동.

조선 전기의 학자 성현이 《용재총화》(1525)에서 경치가 좋다며 한양도성에서 놀 만한 곳으로 꼽은 5대 명승지이다. '레트로'한 분위기로 사진 찍기 좋고 맛집이 모여 있는 '핫플레이스'의 조선 버전 정도 아닐까? 삼청동, 인왕동, 백운동, 청학동은 알겠는데 쌍계동은 어딘지 궁금하다.

쌍계동은 낙산 서쪽 기슭으로 기묘한 암석이 많고, 소나무 숲이 우거지고, 두 줄기 맑은 시냇물이 흘러 아름다웠다고 한다. 지금의 혜화동과 이화동 지역을 말한다. 겸재 정선이 남긴 낙산 주변의 그림으로 옛 모습을 살짝 엿보자. 1700년대 중반에 그린 것으로 추정되는 〈동소문도(東小門圖)〉는 지금의 혜화동 로터리에서 동소문(혜화문)을 바라본

1 울창한 숲과 바위가 있는 낙산 풍경. 정선, 〈동소문도〉, 18세기. 출처: 고려대학교 박물관

2 낙산의 남쪽 자락을 검고 짙은 숲으로 표현했다. 정선, 〈동문조도〉, 18세기.
출처: 이화여자대학교 박물관

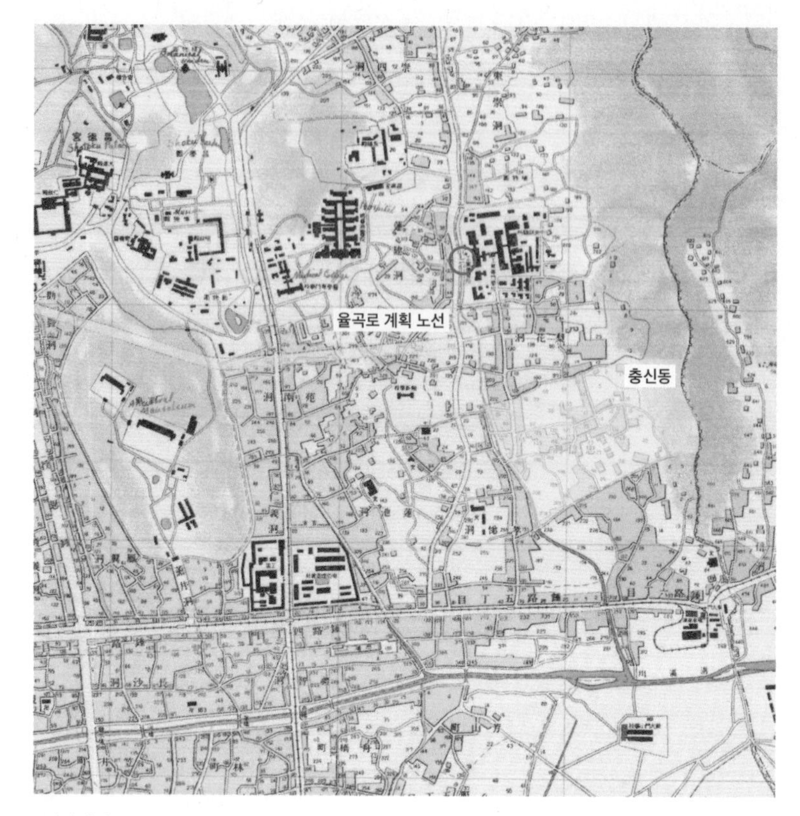

〈경성시가도〉(1910)에 표시한 현재 충신동과 율곡로 계획 노선. 현 서울대학교 동숭캠퍼스 앞에 물길을 건널 수 있는 다리가 있다(붉은 동그라미). 출처: 서울역사박물관

모습이다. 문루가 소실된 모습의 동소문(혜화문) 오른쪽에 울창한 숲과 바위로 표현된 낙산을 확인할 수 있다. 낙산의 혜화동 쪽 옛 모습이다. 다른 그림이 하나 더 있다. 1746년경 그린 것으로 추정되는 〈동문조도(東門祖道)〉에서는 동대문과 청계천의 수문이었던 오간수문이 눈에 들어온다. 오간수문의 반대쪽에 그려진 검고 짙은 숲은 낙산의 남쪽 자락이다. 지금 한양도성 박물관과 흥인지문 공원이 있는 곳이다. 아쉽

게도 지금 이 지역을 둘러보면 5대 명승지로 유명했던 쌍계의 소나무 숲과 맑은 시냇물의 모습은 상상되지는 않는다.

흥덕동천

쌍계의 두 물줄기와 크고 작은 낙산의 물줄기는 흥덕동천으로 흘러들어 청계천으로 이어졌다. 흥덕동천은 대학이 있는 곳을 흐른다 해서 '대학천'으로 불리기도 했다. 종로6가에 지금도 대학천 이름을 붙인 서점과 상가가 있다. 서울대학교 동숭캠퍼스가 혜화동에 있었을 때 문리대를 들어가려면 흥덕동천의 다리를 건너야 했다. 당시 학생들은 프랑스 파리의 센강에 있는 미라보 다리에서 이름을 따와 '미라보 다리'라고 불렀다고 한다. 흥덕동천이 서울의 센강이었던 셈이다. 1975년 서울대학교가 관악캠퍼스로 이전하고 1977년 흥덕동천은 완전히 복개된다. 서울대학교 문리대 자리에 만들어진 마로니에 공원에는 서울대학교 유지기념비가 있다. 유지기념비 아래에는 동숭캠퍼스 모습을 재현해놨는데, 정문 앞에서 미라보 다리와 흥덕동천의 모습을 확인할 수 있다.

1980년 지하철 4호선 '상계-사당' 구간이 착공된다. 1981년 혜화역 공사와 함께 대학로가 확장되고 율곡로는 서쪽으로 동대문까지 연장된다. 서울대학교가 떠난 동숭캠퍼스 일대에서 공사 없는 곳을 찾기가 어려웠을 것 같다. 같은 시기에 동대문으로 연장된 새로 생긴 율곡로에서 산으로 오르는 이상한 도로가 생긴다. 이 길은 직선으로 낙산을 향해 오른다. 낙산의 급경사에 이르면 달팽이처럼 빙글 돌아 날아오르듯 올라온 길 위를 지난다. 이화동굴다리 또는 이화달팽이길로 유명한 동숭교다. 조선시대나 지금이나 낙산 주변은 여전히 '핫플레이스'

다. 동숭교가 1981년에 만들어지면서 율곡로에서 낙산시민아파트까지 율곡로19길과 낙산4길이 이어진다.

조선시대 쌍계동의 두 시냇물이 그랬던 것처럼 낙산의 여러 물길은 대학로 아래 흥덕동천으로 흘렀다. 이화동에도 비슷한 모습의 소나무 숲과 시냇물이 있었을 것이다. 하지만 1950년대 말 대한주택영단이 147가구 규모의 국민주택단지를 만들고, 1969년에는 낙산시민아파트가 들어섰으며 1981년 율곡로를 비롯해 차로가 여럿 개통되었다. 급격한 개발의 시기가 지나고 이제는 소나무 숲과 시냇물을 찾아보기는 힘들어 보였다. 이 작은 건물을 만나기 전까지는 그랬다.

하나인 듯 하나 아닌 하나같은 율곡로19길 7, 9, 9-1

이화동 굴다리로 올라가는 율곡로19길의 초입에는 하나인 듯 하나 아닌 하나같은 건물이 형제처럼 자리하고 있다. 율곡로19길 7 이화호프(충신동 53-1), 율곡로19길 9 매일치킨(충신동 51) 그리고 율곡로19길

9개 필지로 쪼개진 충신동 53번지는 1981년 율곡로가 일대를 지나면서 커다란 변화를 맞이하게 된다. 일부는 율곡로에 묻히고 일부는 건물이 잘리면서 율곡로 남쪽과 북쪽에 살아 남는다.

9-1 현대마트(충신동 50). 의형제 건물이다. 이들은 율곡로19길과 율곡로17길을 양쪽으로 접하고 있는 길과 길 사이의 좁은 건물이다. 마을버스가 다니는 율곡로19길 쪽에서 보면, 세 건물은 형태와 재료가 비슷해서 한 건물처럼 보인다. 반대편의 율곡로17길은 차량 통행이 어려운 좁은 골목이다. 1981년 율곡로19길이 만들어지기 전부터 있던 옛

노인보호구역

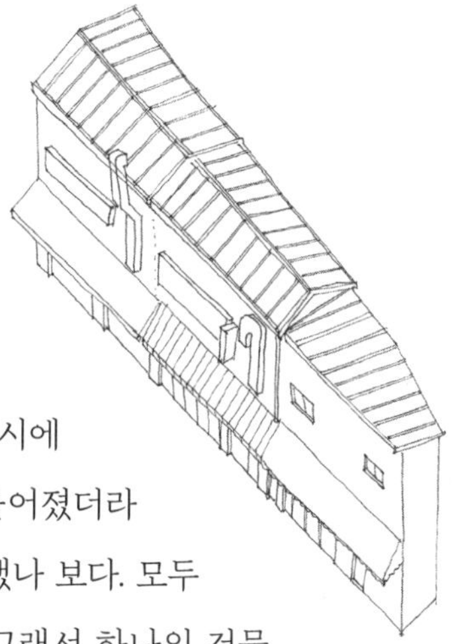

길로 보인다. 1981년 이전에는 율곡로 17길에 접한 작은 주택이었을 것이다. 2층 위에 남아있는 박공지붕의 형태로 추정해보면, 율곡로19길이 개통되면서 땅과 건물은 잘리고 갑자기 큰 길가를 접한 건물이 되었다. 세 건물이 한날한시에 잘려나갔을 것이다. 건물이 따로따로 만들어졌더라도 잘려나간 상처를 보수하는 것은 함께 했나 보다. 모두 같은 재료의 빨간색 타일로 마감되었다. 그래서 하나의 건물처럼 보이지만 서로 다른 필지에 있는 다른 건물이다. 건물번호도 율곡로19길 7번, 9번, 9-1번으로 다르다. 율곡로17길은 낙산에서 내려와 대학로 쪽으로 굽어지는 선형을 하고 있다. 똑바른 길이 자동차의 길이라면 굽은 길은 물길이었을 확률이 높다. 지형상 높은 곳(낙산)에서 낮은 곳(대학로, 흥덕동천)으로 이어진다. 역시나 지적도에 물길이 남아있다. 충신동 50-1(율곡로17길)번지의 지목이 '구'로 표시되어 있다. 조선시대 핫플레이스 중 하나였던 쌍계 주변의 흔적을 찾은 것만 같아 잠시 기분이 좋았다.

충신동 53번지 9필지 이야기

의형제 건물 중 하나인 충신동 53-1번지(율곡로19길 7)의 번지수는 53번지가 여러 개로 나뉘어 쪼개진 필지 중 1번 필지라는 의미를 담고 있다. 나머지 53번지의 조각은 어디 있을까? 율곡로19길을 건너가 보자. 율곡로19길에 나란히 자리한 왕족발집과 감자탕집이 보인다(글을 쓰는 2022년 현재 왕족발집은 이전하고 하얀 페인트를 칠한 건물에는 '임대' 스티커가

충신동 53번지 일대 지적도등본

붙어 있다. 편의상 왕족발집으로 표기한다). 왕족발과 감자탕 사이에 작은 골목이 있는데, 53-1번지 옆의 작은 골목과 위치가 같고 폭도 비슷하다. 지번을 살펴보니 왕족발집은 53-3번지(율곡로19길 6)이고 감자탕집은 53-8번지(율곡로19길 4)이다.

이제부터는 건축가로서 합리적 추론을 해본다. 오래전에 53번지는 하나의 집이었을 것이다. 도심의 주택 수요가 늘어나자 53번지를 53-1번지부터 53-9번지까지 9개로 쪼개고 9채의 주택을 지었다. 나뉜 9개 필지 사이에는 각각의 집으로 들어갈 수 있도록 길을 만든다. 53-1(이화호프)과 53-6(유진건강원) 사이의 골목 그리고 53-3(왕족발)과 53-8(감자탕) 사이의 골목이다. 이 골목을 중심으로 오순도순 살던 아홉 집 사이에 큰길이 들어선 것은 1981년의 일이다. 율곡로는 동대문으로 방향을 틀었다. 53번지의 9필지는 모두 무사할 줄 알았는데, 율곡로19길이 53번지를 관통한다. 중간에 있던 53-2번지와 53-7번지는 흔적을 찾

리교회
150m

율곡로19길 남쪽에 잘린 채 남아있는 율곡로19길 4

을 길 없이 율곡로19길 아래 묻힌다. 53-1과 53-6은 율곡로19길 북쪽에 53-3번지와 53-8번지는 율곡로19길 남쪽에 겨우 남았다. 길 양쪽으로 떨어져 나간 것이다. 남은 건물은 율곡로19길이 새로 생기면서 건물이 싹둑 잘린다. 율곡로 쪽에서 조금 보이는 53-8(감자탕) 건물의 지붕 모양은 잘리고 남은 박공지붕의 한쪽 끝이라고 추정할 수 있다. 그래도 주방과 화장실 그리고 2층에 오르는 계단이 남은 것은 다행이었고, 차량 통행이 많은 율곡로와 율곡로19길의 교차지점인 것은 주택으로는 부적합하겠지만, 상점이나 식당으로 사용하기에는 유리했을 것이다. 상처를 남긴 율곡로19길을 향해 충신동 53-1, 53-3, 53-6, 53-

8의 건물은 새로운 입면을 만들고 음식점과 상점이 들어섰다. 아슬아슬하게 율곡로를 피한 53-9번지에는 새로 생긴 율곡로를 입구로 하는 건물이 들어섰다. 서울을 바꾼 시대의 토목공사로부터 어떤 영향도 없었던 53-4번지만 아직 주택으로 남아있다.

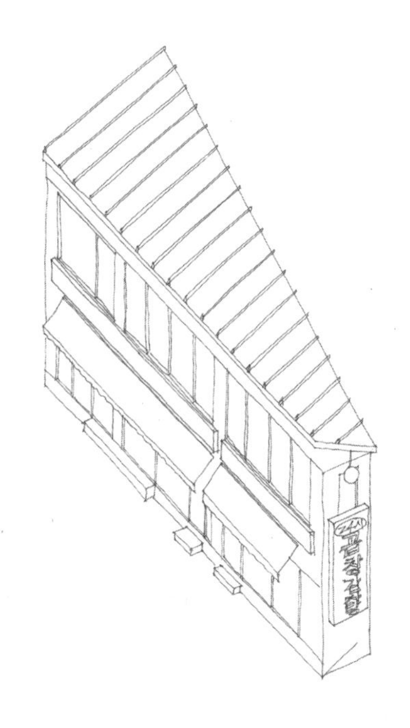

반수의 흔적

종로구 성균관로1길 6-6
(명륜동 3가 148-1)

성균관은 조선시대 고등교육기관이자 최고학부다. 지금의 국립대학인 셈인데, 부르던 이름이 다양하다. 성균관을 다른 말로 태학, 문묘, 행단, 반궁이라고도 한다.

어떤 연유로 이런 이름이 붙었는지 살펴보자. 태학(太學)은 쉽게 이해가 된다. 최고의 교육기관이니까 교육을 뜻하는 학(學)자에 크다는 의미인 태(太)를 붙여 태학이라 했을 것이다. 성균관은 교육기관이면서도 공자를 비롯한 여러 성현의 위패를 모시는 유교의 사당을 갖추고 있다. 공자를 모시는 사당을 문묘(文廟)라 하니 성균관을 문묘라 부른 것도 이해가 된다. 행단도 공자와 연관 있다. 공자는 자신을 따르는 제자들과 함께 은행나무 아래에서 토의하며 학문을 펼쳤다고 한다. 그래서 은행나무 단상, 즉 행단(杏壇)은 성리학의 교육 장소를 상징한다. 충남 아산에 조선 전기 청백리로 유명한 고불 맹사성의 고택이 있다. 이 고택의 이름이 '맹씨행단'인데, 맹사성과 같은 성리학자들은 집안에 공자의 뜻을 따라 은행나무를 심는 경우가 많았다. 맹씨행단 옆에는 지금도 수령 600년이 넘는 은행나무가 자리를 지키고 있다. 성리학자가 자신의 집에 은행나무를 심었는데, 공자의 뜻을 배우고 가르치는 성균관에서 은행나무를 심는 것은 너무 자연스러웠다. 성균관의 문묘에는 지금도 수령 500년 정도 됨직한 은행나무가 대성전 앞, 동서 양쪽으로 두 그루가 있어 가을에는 온통 노란 은행잎으로 장관을 이룬다. 그러니 성균관을 행단이라 칭하는 것도 이해된다. 문제는 반궁(泮宮)이다. 익숙하지 않은 이 이름이 성균관을 칭하는 이유는 무엇이고, 그 의미는 무엇일까?

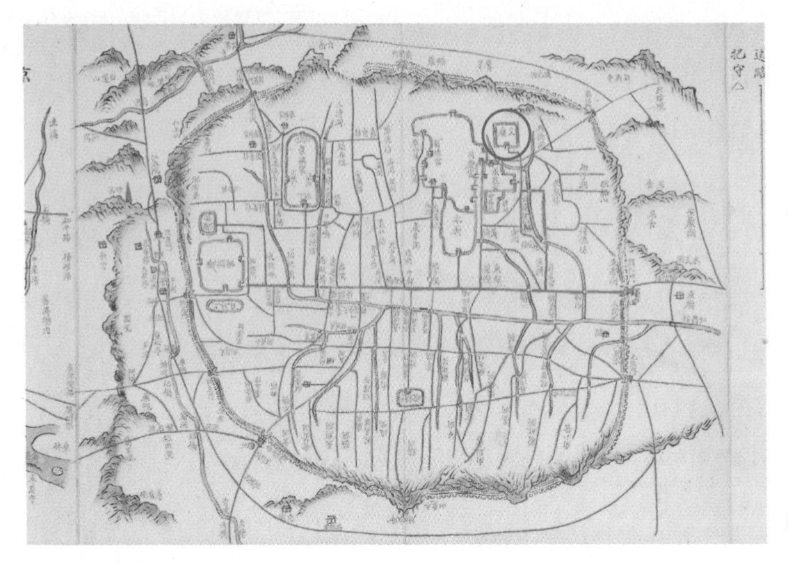

문묘 양옆 물길, 흥덕동천이 청계천으로 이어진다. 〈경조오부도〉, 《동여도》, 1856.
출처: 서울역사박물관

반궁, 반촌, 반수

2019년 서울역사박물관에서 했던 기획전시 〈성균관과 반촌〉 전을 보면서 반궁(泮宮)과 반촌(泮村)의 의미를 이해하게 되었다. 성균관을 다른 말로 반궁이라고 하는데, 반궁은 《예기(禮記)》 〈왕제(王制)〉 편에서 '천자의 나라에 설립한 학교는 벽옹(壁雍)이라 하고, 제후의 나라에 설립한 학교는 반궁(泮宮)이라 하였다'는 표현에서 유래한다. 성균관을 제후의 나라에 설립한 학교로 보고 반궁이라고 부른 것이다. 그때나 지금이나 큰 학교 앞에는 하숙촌처럼 마을이 형성되는데, 조선시대 성균관(반궁) 앞의 마을을 반촌(泮村)이라 했고, 반촌 사람을 반인(泮人)이라고 불렀다. 그리고 성균관 동쪽과 서쪽은 물이 흘렀는데, 반궁(성균관)을 감싸 흐르는 물이라고 해서 반수(泮水)라 했다. 동쪽은 동반수, 서

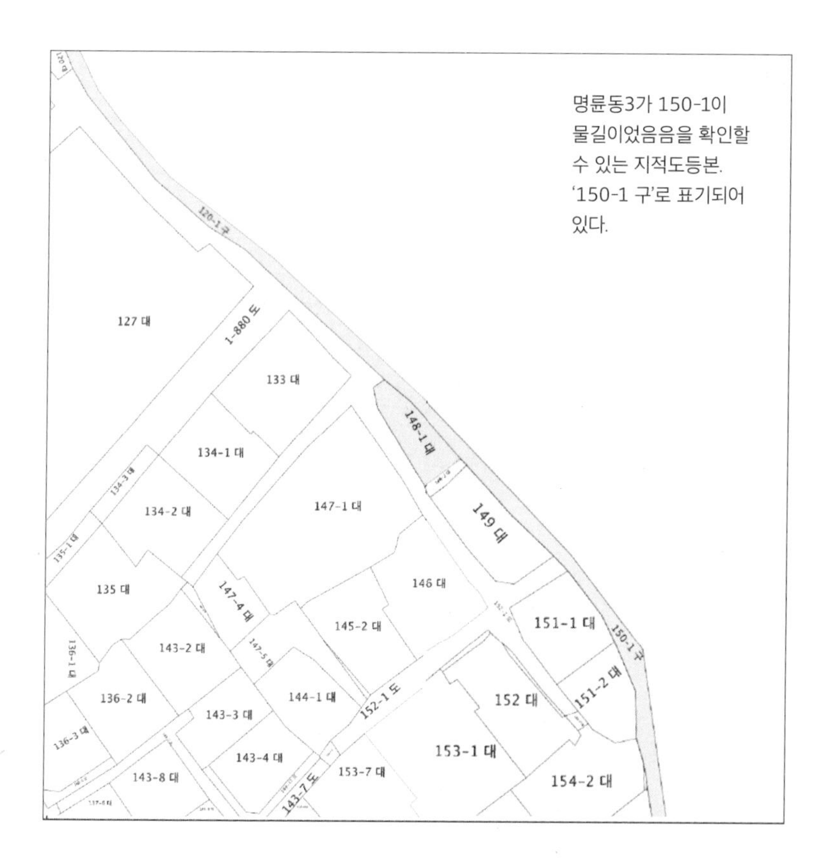

명륜동3가 150-10이 물길이었음음을 확인할 수 있는 지적도등본. '150-1 구'로 표기되어 있다.

쪽은 서반수. 문화재로 지정된 문묘와 은행나무는 잘 보전되고 있지만, 반수는 복개되어 볼 수가 없다.

반수의 흔적

반궁, 그러니까 성균관은 현재 성균관대학교로 이어져 그 자리를 지키고 있다. 반촌은 현재 성균관 대학교 앞, 명륜동1가에서 명륜동4가 일대로 볼 수 있다. 성균관대학교 동쪽과 서쪽에 있는 두 갈래의 굽은 길, 성균관로와 성균관로5길이 있다. 이 두 길은 성균관의 동쪽

명륜동3가와 4가 일대에는 반촌의 골목길과 반수의 흔적이 남아 있다.

과 서쪽에 있던 동반수와 서반수의 물길로 볼 수 있다. 예부터 산이나 물길을 기준으로 도시의 관리구역을 구분했으니 행정구역의 경계에 있는 이 길의 굽은 형상을 살펴보면 반수의 위치를 확인할 수 있는 것이다. 명륜동2가와 명륜동3가의 구역경계선이 있는 성균관로 이면의 굽은 골목길을 동반수의 물길로 보면 정확하다. 문서로 확인해 보고 싶다면 명륜동3가 150-1의 토지대장을 열람해보자. 골목길 모양으로 좁고 긴 이 필지는 지목이 '구거'로 표기되어 있다. '구거'는 하천보다 규모가 작은 4~5m 폭의 하천을 뜻하니 분명 물길이다. 이 골목길 아래 반수가 지나고 있음이 분명해졌다. 이 길을 걷다보면 물길의 모습을 따라 지어진 건물들을 만날 수 있다. 굽은 물길을 따랐으니 형태와 건물의 모양이 특이하고 이상하다. 500년이 넘은 옛 반촌의 골목길과 반수의 물길을 엿볼 수 있다.

성균관로1길 6-6

성균관로1길 6-6(명륜동 3가 148-1)은 성균관대학교 정문에서 혜화 로터리로 내려오는 길에서 마주친다. 물길을 헤치고 올라오는 배의 뱃머리처럼 건물의 좁은 면이 골목을 가르고 있다. 이 건물을 가운데 두고 골목길이 양쪽으로 갈라진다. 보통의 골목에서는 보기 힘든 특별한 모습이다. 지하 1층, 지상 2층, 3개 층으로 구성된 건물이다. 사용 과정에서 임의로 덧붙인 구조물이 있어 본래의 건물 모습을 확인하기 어렵고 그래서 어느 면이 정면인지 파악하기 어려운 것이 안타깝다. 이 건물의 양쪽에 있는 골목은 겉으로 보기에 모두 골목처럼 보이지만, 동쪽 골목은 지목이 '구거'로 남아있는 것을 보아 본래 반수가 흐르던 천이었다. 이 건물은 출입구나 창이 양

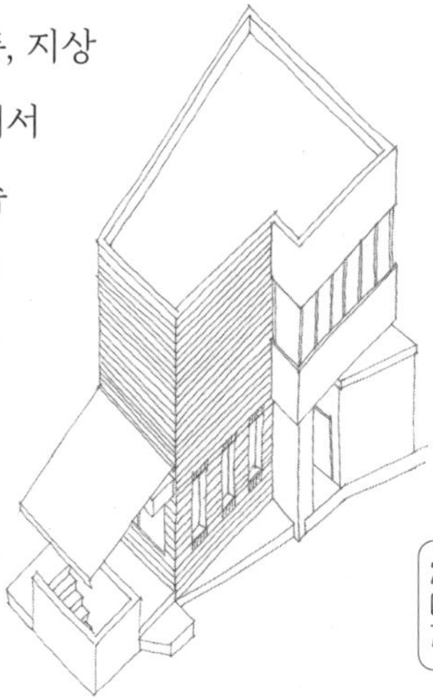

여관
건강한 빵
빵

쪽에 모두 있는 것으로 미루어 반수가 복개되어 골목길이 된 이후에 지어졌다고 보인다. 도시가스 배관이 건물의 서쪽에 있는 것을 보면, 서쪽이 도로인 것을 짐작해볼 수 있다. 물길을 덮어 길을 만든 곳과 본래 길이었던 곳을 구분해주는 포장이나 흔적을 남겨두었다면 좋았겠다는 생각을 해보면서, 반수가 흐르던 동쪽 골목을 따라 가보자.

대학로11길 51

반수가 흐르던 물길은 남쪽으로 내려와 왕복 6차선의 창경궁로를 만난다. 물길의 경로를 따라 창경궁로를 건너보자. 지적도의 형태를 참고하면 남쪽으로 흐르던 반수는 이곳에서 동쪽으로 급하게 방향을 돌려 지하철4호선 혜화역 4번 출구 방향으로 향한다. 지금의 혜화역 4번 출구 근처에서 대학로에 흐르던 흥덕동천과 합류한다. 반수가 급히 방향을 돌린 자리에는 반수의 경로를 따라 몇 개의 필지와 건물이 있었다. 그런데 1978년 창경궁로를 가로질러 북쪽으로 성균관대학교로 향하고, 남쪽으로 대학로로 이어지는 대학로11길이 개통되면서 반수를 따라 늘어서 있던 건물과 필지가 없어지거나 잘려 나간다. 이 흔적이 남아있는 건물이 있다. 대학로11길 51(명륜동 4가 185)에 있는 도장집은 도로가 생기면서 잘려 나가고 남은 쐐기형 필지에 있다. 좁은 필지에 2층 건물이 세워지고, 그것도 모자랐는지 삼각형 필지의 꼭짓점에 작은 상점이 들어섰다. 꼭짓점의 작은 상점은 한 명이 겨우 앉아있거나 두 명 정도가 서 있을 수 있는 정도다. 이곳에서는 현재 수제 도장집이 영업하고 있다. 건물에 손님을 들일 공간이 없어 대학로11길 방향으로 진열대와 작업 선반을 두었다. 구경하고 주문하는 손님은 길에 있고, 작업 선반 넘어 안쪽에는 사장님이 앉아 도장 파는 공간만 있

듀얼핏
innisfree
수제
도장
각설탕
Tel. 02-3674-5555
나만의
수제도장
진입금지

다. 도장을 주문하려는 사람은 길에 서서 진열된 도장과 디자인을 구경하고, 맘에 드는 도장이 있으면, 창문 넘어 사장님께 원하는 도장과 자기 이름을 이야기하는 구조다. 카페로 치면 '테이크아웃' 전문점과 같은 도장집이다. 물론 화장실 같은 것은 없다. 이런 땅에서 화장실은 사치다.

대명길 45

도장집 건너편에는 또 하나의 쐐기형 필지가 남아있다. 본래는 대학로11길 51에 있었던 건물과 함께 홍덕동천으로 흘러가는 반수를 바라보고 있었을 것이다. 대학로11길 51과 같은 방향으로 네모난 필지였는데, 대학로11길이 생기면서 같은 방향으로 잘렸다. 건물 뒤쪽 작은 골목에 각종 실외기와 적재물, 덕트가 쏟아져 나와 있지만, 이 골목이 500년 전부터 있던 옛 골목이다. 조선시대에 반촌에 살던 반인과 성균

관 유생들이 수도 없이 지나다녔을 옛 골목 이다. 건물의 계단 위치로 보아 1978년 이전에 지어진 건물이 새로 길이 생기면서 길쭉하게 잘렸다. 다행히 계단은 남게 되어 잘린 부분을 보수하고 새 단장 한 것으로 추측된다. 삼각형 형태의 건물은 삼면이 길에 접하고 있다. 주차공간이나 조경공간은 찾아볼 수 없고, 건물과 골목 사이에는 한치의 공간도 남아 있지 않다. 땅의 모양이 그대로 건물의 모양이다. 동쪽은 500년 된 옛 골목을 접하고, 북쪽은 성균관에서 내려와 흥덕동천으로 향하는 반수에 접했다. 서쪽은 1978년 도로 개통으로 잘려나간 면이다.

대학로에 들를 일이 있다면, 이상하게 자리잡았거나 잘려 나간 듯한 모습의 건물이 있는지 눈여겨보자. 그런 건물과 마주했을 때 우리는 성균관의 유생과 반인들의 발길이 쌓여있는 길 위에 있거나 성균관을 감싸고 흘렀던 반수의 물길 위에 서 있을 수 있다.

애플뮤

만초천의 흔적 조각을 찾아서

용산구 두텁바위로 5
(갈월동 59-8)

10년 전, 종로구에서 은평구로 출퇴근하던 때 일이다. 출근을 위해 버스에 오르면 버스는 사직터널과 금화터널 사이 현저고가차도를 지났다. 이때 채 1분도 안 되는 짧은 순간이지만 비행기를 타고 하늘을 나는 듯한 풍경이 눈앞에 펼쳐져서 눈을 뗄 수가 없었다. 인왕산 밑을 지나는 사직터널과 안산 밑을 지나는 현저터널 사이에서 멋진 풍광을 보여주는 폭 15m, 길이 528m의 이 현저고가는 1979년 만들어졌다. 이 고가를 만들기 위해 독립문을 지금의 자리로 이전했는데 아이러니하게도 독립문고가라는 이름으로 더 알려져 있다. 지형적으로 인왕산 서쪽 면과 안산 동쪽 면의 급한 경사가 마주보고 있는 곳이라 현저고가는 다른 고가보다 높이가 무척 높다. 그래서 버스를 타고 지나면 창밖으로 비행기에서나 볼 수 있을 만큼 높은 시야로 하늘을 날듯 일대를 내려다 볼 수 있다. 더욱이 현저고가에는 보행로가 없어서 차 안에서만 이 경치를 볼 수 있다. 차체가 높은 버스를 타고, 높이가 조금 높은 맨 뒷좌석에 앉으면 오금이 저릴 정도로 아찔한 풍경을 제대로 경험할 수 있다.

현저고가를 지날 때 내려보이는 이 지역은 한때 고려의 남경 후보이자 조선의 수도 후보지로도 올랐던 '무악-용산' 지역이다. 무악재와 독립문에서 시작해서 서울역을 지나 용산지역까지 펼쳐지는 너른 곳이다. 이 지역은 남쪽으로 한강을 접하면서 동쪽으로는 인왕산과 남산 기슭이 이어지고, 서쪽으로는 안산의 능선을 따라 효창원까지 이어진다. 효창원에서 능선을 따라 조금 더 한강 쪽으로 내려가면 나지막한 봉우리가 있었는데, 용의 머리를 닮았다고 해서 삼국시대부터 이 봉우리를 용산이라고 불렀다. 도성 안에 청계천이 있듯이, 이 지역에도 한강으로 이어지는 큰 지류가 있었다. 이름은 만초천이다. 인왕산, 안산,

남산, 용산에서 흘러내린 많은 지류가 만초천으로 모였고, 만초천은 용머리를 닮은 용산 봉우리 즈음에서 한강으로 흘러들었다. 현재 만초천은 대부분 복개되어 도로 아래를 흐르고 있다. 미군이 주둔했던 용산기지 안쪽의 일부 구간과 만초천이 한강과 만나는 부분에서 겨우 하천의 존재를 확인할 수 있을 뿐이다. 이렇게 만초천과 그 지류들은 땅 아래로 모습을 감췄지만, 땅 위에는 아직도 만초천의 흔적을 보여주는 몇몇 조각이 남아있다. 공룡 뼛조각 화석 몇 개로 공룡의 모습을 찾아내듯 도시 속 몇 개의 조각으로 남아있는 건축물의 모습을 통해 만초천의 모습을 추적하고 찾아보자.

만초천과 후암천의 퍼즐 조각 1: 두텁바위로 5

지하철 4호선 숙대입구역 주변에는 만초천으로 흘러들던 여러 지류의 흔적이 곳곳에 남아있다. 〈경조오부도〉에는 만초천에 합류하는 남산쪽 지류가 묘사되어 있다. 굽이진 형태는 지금의 두텁바위로1길의 형태와 우연이라고 흘려넘길 수 없게 정확히 일치한다. 두텁바위로1길의 지적도는 굽이굽이 흐르는 하천 모양인데, 지적도의 지목은 도(도로)로 변경되어 있다. 하지만 이어지는 도로 중간 중간에서 아직 구(구거)나 천(하천)의 지목이 남아있는 부분이 있는 것을 확인했다. 만초천 자리가 분명하다.

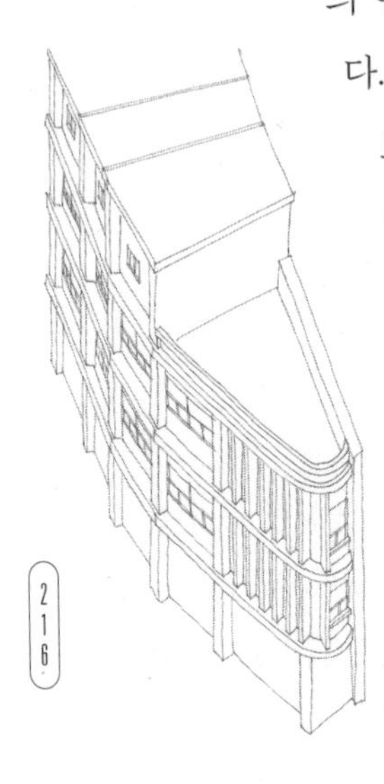

일제강점기에 군 주둔지 경계를 따라 만초천 지류인 후암천을 직선화하고 후암로를 넓게 개설했다. 이곳에 세워진 경성제이공립고등여학교의 당시 사진을 관찰하면, 학교 담장과 후암로 사이

보청기
2층
752-
독일 2F
보청기
국제
안경
한강
부동산
7774489
한강
부동산
777
4489
AJ
HAIR

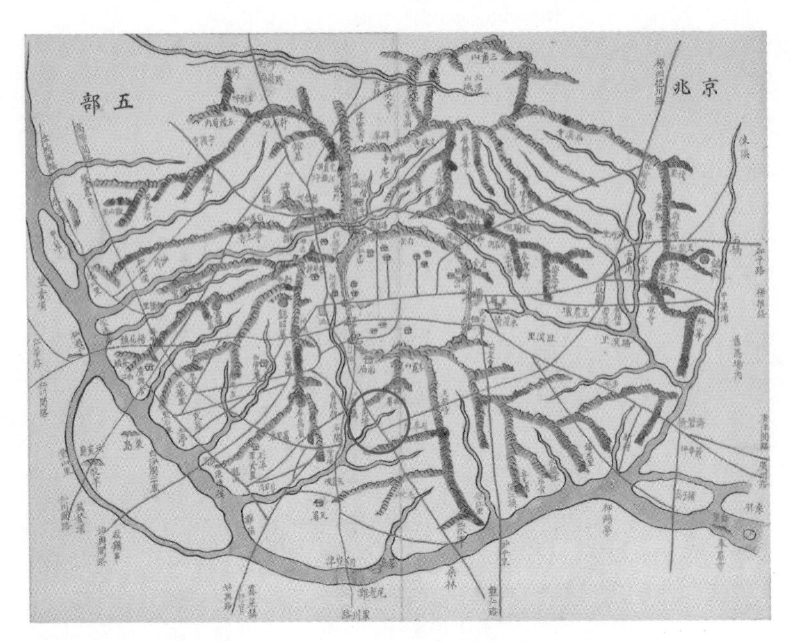

만초천 지류의 굽이진 형태가 현재 두텁바위로1길과 일치한다. 〈경조오부도〉, 《동여도》, 1856.
출처: 서울역사박물관

에서 직선화하고 제방을 쌓은 후암천이 보인다. 후암천은 1963년 복개되면서 넓게 조성된다. 두텁바위로다. 두텁바위로와 두텁바위로1길이 만나는 두텁바위로 5(갈월동 59-8)는 만초천과 지류인 후암천이 교차하며 생긴 좁고 세모진 필지다. 건축물대장에는 이곳에 1965년 신축건물이 들어선 것으로 기록되어 있다. 추측컨대, 후암천이 복개되면서 넓은 두텁바위로 쪽으로 출입구를 낼 수 있게 되었으니 건물의 방향을 달리해 당시로서는 나름 규모 있는 콘크리트 건물로 신축을 했을 것이다. 만초천과 후암천이 만나던 지점의 잃어버린 퍼즐 조각이다.

만초천과 후암천의 퍼즐 조각 2: 청파로 277과 청파로45길 4

이번에는 서쪽으로 가보자. 숙대입구역 9번 출구와 8번 출구 사이

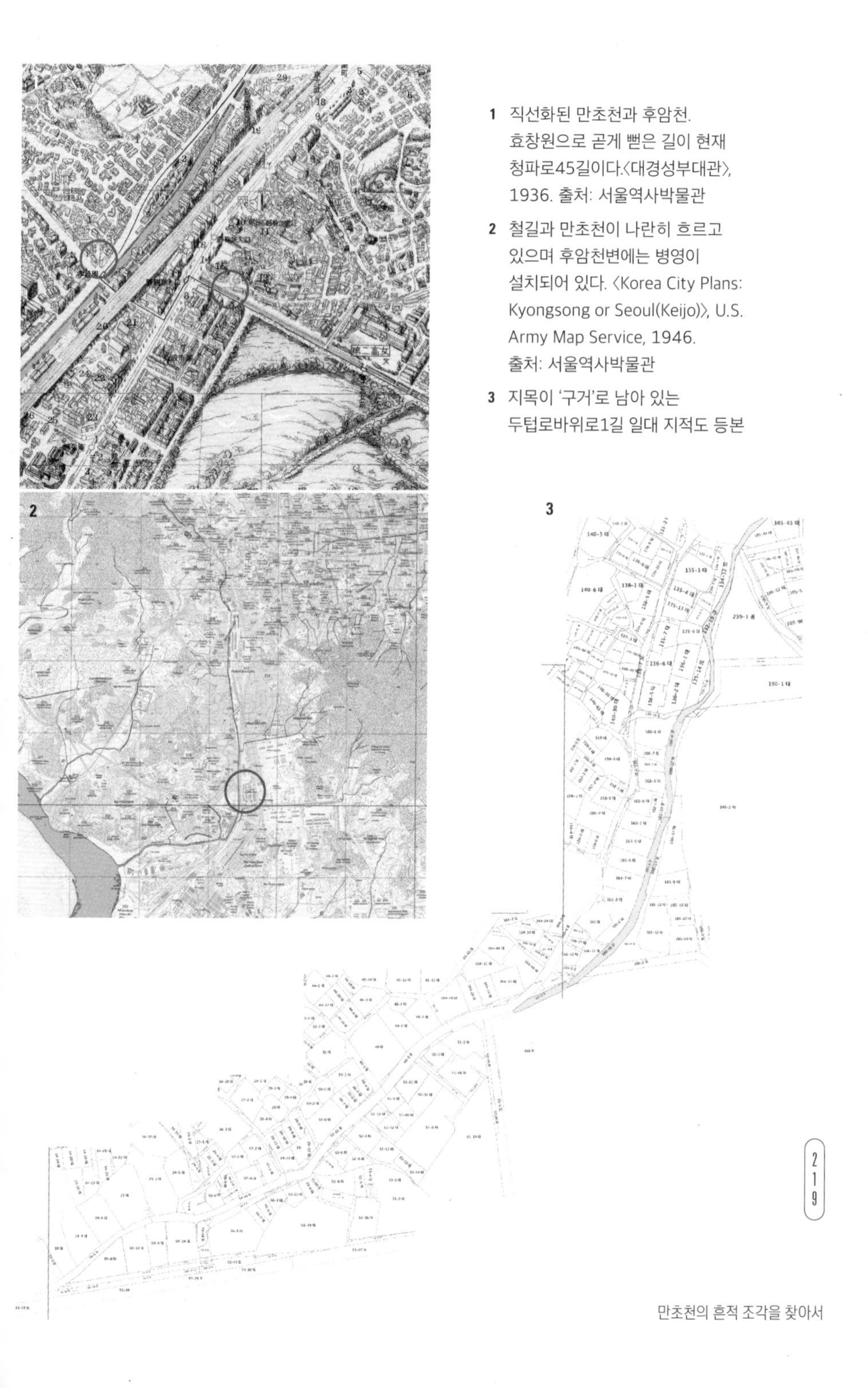

1 직선화된 만초천과 후암천. 효창원으로 곧게 뻗은 길이 현재 청파로45길이다.〈대경성부대관〉, 1936. 출처: 서울역사박물관

2 철길과 만초천이 나란히 흐르고 있으며 후암천변에는 병영이 설치되어 있다. 〈Korea City Plans: Kyongsong or Seoul(Keijo)〉, U.S. Army Map Service, 1946. 출처: 서울역사박물관

3 지목이 '구거'로 남아 있는 두텁로바위로1길 일대 지적도 등본

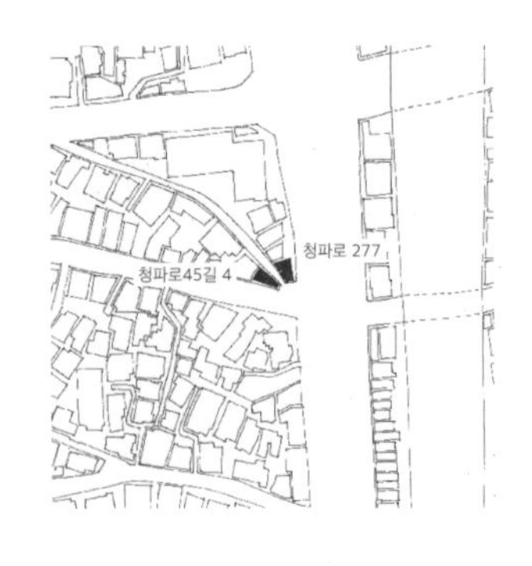

철길 아래에는 숙명여대와 효창공원 방향으로 길을 이어주는 갈월동 굴다리가 있다. 갈월동 굴다리는 철길 서쪽 청파로를 흐르던 만초천이 동쪽 한강대로로 급히 방향을 돌리면서 철길 아래를 지나던 물길의 흔적이다. 1920년대 만초천은 청파로를 따라 직선화되면서 철길과 교차하지 않고 그대로 청파로와 함께 한강으로 흘러가게 되었다. 만초천이 흐르던 굴다리는 복개되어 갈월동 굴다리가 된다. 1936년에 제작된 〈대경성부대관〉을 살펴보면 청파로를 따라 직선화된 만초천과 갈월동 굴다리를 지나는 전차노선이 보인다. 효창원 전차정거장에 내리면 효창원으로 곧게 뻗은 길이 보인다. 1927년 개설

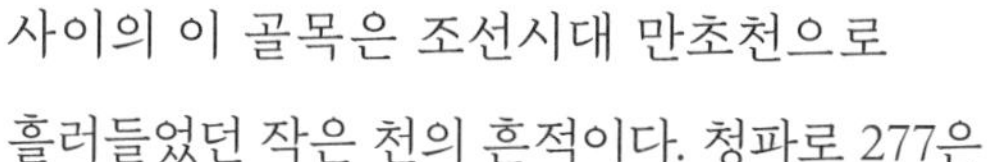

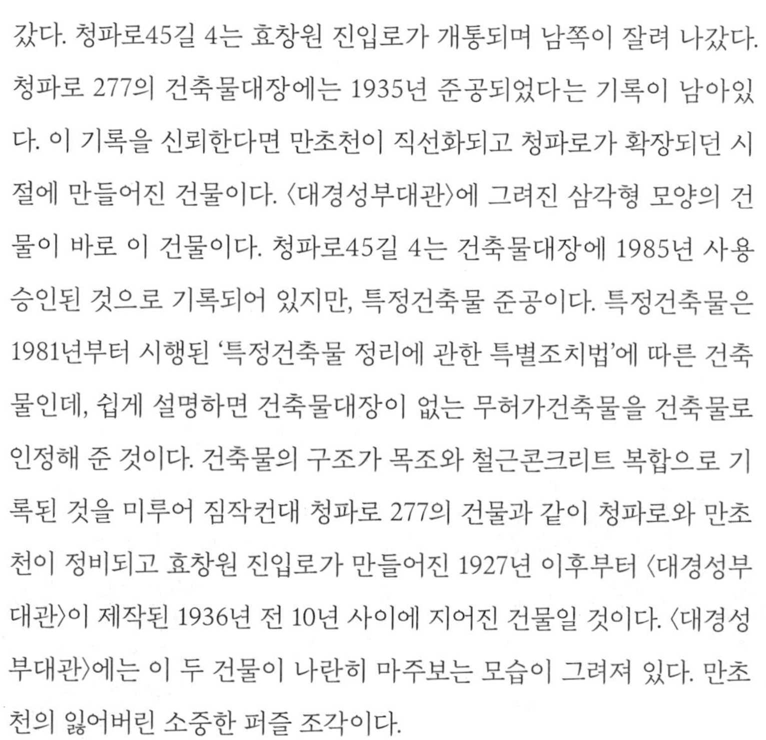

된 효창원 진입로다. 이때 만들어진 효창원 진입로는 지금의 청파로45길이다. 청파로와 효창원 진입로 교차부에는 효창원 능선에서 내려와 만초천으로 흘러들었을 작은 지류의 모습이 보인다. 청파로 277(청파동3가 22-2)과 청파로45길 4(청파동3가 24-6) 사이의 이 골목은 조선시대 만초천으로 흘러들었던 작은 천의 흔적이다. 청파로 277은 청파로가 직선화로 폭을 넓히면서 동쪽이 잘려 나갔다. 청파로45길 4는 효창원 진입로가 개통되며 남쪽이 잘려 나갔다. 청파로 277의 건축물대장에는 1935년 준공되었다는 기록이 남아있다. 이 기록을 신뢰한다면 만초천이 직선화되고 청파로가 확장되던 시절에 만들어진 건물이다. 〈대경성부대관〉에 그려진 삼각형 모양의 건물이 바로 이 건물이다. 청파로45길 4는 건축물대장에 1985년 사용승인된 것으로 기록되어 있지만, 특정건축물 준공이다. 특정건축물은 1981년부터 시행된 '특정건축물 정리에 관한 특별조치법'에 따른 건축물인데, 쉽게 설명하면 건축물대장이 없는 무허가건축물을 건축물로 인정해 준 것이다. 건축물의 구조가 목조와 철근콘크리트 복합으로 기록된 것을 미루어 짐작컨대 청파로 277의 건물과 같이 청파로와 만초천이 정비되고 효창원 진입로가 만들어진 1927년 이후부터 〈대경성부대관〉이 제작된 1936년 전 10년 사이에 지어진 건물일 것이다. 〈대경성부대관〉에는 이 두 건물이 나란히 마주보는 모습이 그려져 있다. 만초천의 잃어버린 소중한 퍼즐 조각이다.

건축물대장에는 1985년에 사용승인을 받았다고 기록되어 있지만 청파로 277과 비슷한 시기에 지어진 것으로 추정된다.

1935년 준공된 것으로 기록되어 있는
청파로 277

지금의 영천시장 자리는 만초천 상류 구간이었다.

만초천과 후암천의 퍼즐 조각 3: 통일로 181

이번엔 만초천이 시작되는 상류 쪽으로 올라가 보자. 독립문이 있는 통일로는 조선시대에 한양과 북경을 잇는 중요한 도로, 의주로였다. 북경에서 출발한 명나라와 청나라 사신이 이 길로 들어와 서대문을 지나 한양에 들어갔다. 조선시대에는 중국 사신을 맞이하는 의미로 영은문이 있었는데, 대한제국에는 정치적으로 청나라로부터 독자적인 국가임을 선언하는 의미를 담아 영은문 자리에 독립문을 세웠다. 당시 사진을 확인해보면 옆으로 하천이 흐른다. 만초천 상류인 영천시장 구간이 복개된 것은 1966년이었다. 영천시장은 복개된 만초천 위에 조성되었으니, 지금 영천시장의 형태는 그대로 만초천의 형태와 같다고 할 수 있다. 영천시장 남쪽에는 만초천이 의주로와 교차하며 의주로 동쪽으로 지나던 곳이 있다. 하천과 도로가 교차하니 이곳에 돌다리가 있었다. 영천시장 남문에서 통일로를 건너가는 횡단보도 자리다. 이 돌

다리를 기준으로 북쪽은 교북동, 남쪽은 교남동이다. 지금도 영천시장에는 석교식당과 석교수산처럼 다리의 흔적을 찾을 수 있는 가게 이름이 남아있고, 1916년 설립된 영천시장 옆 석교교회의 이름에서도 확인할 수 있다.

석교가 있던 곳은 의주로 그러니까 통일로와 만초천이 만나는 곳으로 영천시장 남문에 있는 성진농산물 가게(통일로181) 앞이다. 이 건물은 서쪽으로 영천시장을 접하고 있으니, 본래는 만초천에 면했을 것이다. 동쪽으로 통일로를 접하고 있는데, 조선시대 의주로 시절에는 도로가 지금처럼 넓지 않았으니 제법 너른 필지였을지도 모르겠다. 전차가 지나고 자동차가 지나면서 통일로(의주로)는 조금씩 넓어졌고, 이 땅은 점점 잘려 나가 지금의 모습이 되었다. 성진농산물 가게는 영천시장 쪽과 통일로 쪽 모두 개방하고 과일이며 채소를 넓게 펼쳐두고 장사를 한다. 폭이 좁아 어느 쪽이 입구인지도 알 수 없고, 손님들도 양쪽으로 들락거린다. 화장실을 둘 공간이 없을 정도로 좁다보니, 단층 건물 전체가 진열대다. 상품은 길가로 쏟아져 나온다. 영업이 끝나면 길가로 나왔던 상품이 안쪽에 쌓이면서 전체가 창고가 된다. 이렇게 폭도

1 복개된 만초천 자리에 조성된 영천시장, 1970.
출처: 서울역사박물관, 《돈의문 밖, 성벽 아랫마을: 역사·공간·주거》, 2009

2 의주로와 만초천이 만나는 곳에 있던 석교. 출처: 서울역사박물관, 《돈의문 밖, 성벽 아랫마을: 역사·공간·주거》, 2009

좁고 면적도 작다보니 신축할 엄두가 안 생길 만도 하다. 단열기준으로 벽이 두꺼워지고, 화장실이나 계단을 만들기라도 한다면, 과일상자 몇 개도 놓아두지 못할 지경이 될 것 같다. 그나마 지금처럼 단출하지만, 효율성 높게 사용되면서 영천시장 남문의 터줏대감처럼 자리잡고 있어서 반갑고 고맙다.

최근 10년 사이 무악동과 교남동 일대는 재개발이 완료되었다. 서

대문 사거리 주변은 하루가 멀다하고 대규모 빌딩이 올라가고 있다. 서울역 주변과 용산역 주변에서는 하늘보다 높은 건물이 들어서는 계획이 조금씩 눈에 띈다. 10년 전 출근길, 현저고가차도 위 버스에서 바라보던 모습은 믹서기에 갈아버린 과일처럼 사라지고 도시의 모습은 달라졌지만, 그래도 아직은 만초천의 흔적 조각을 찾아볼 수 있는 땅과 건물이 남아있다. 그래서 오늘도 이곳저곳 기웃거려 본다.

너른 논밭의 추억, 은평

은평구 은평로 85
(응암동 91-8)

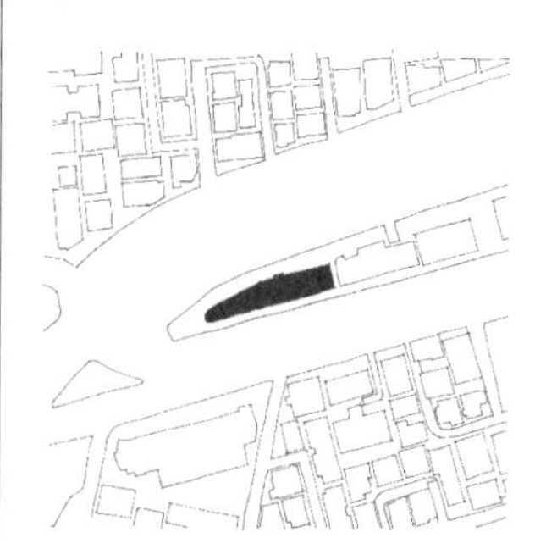

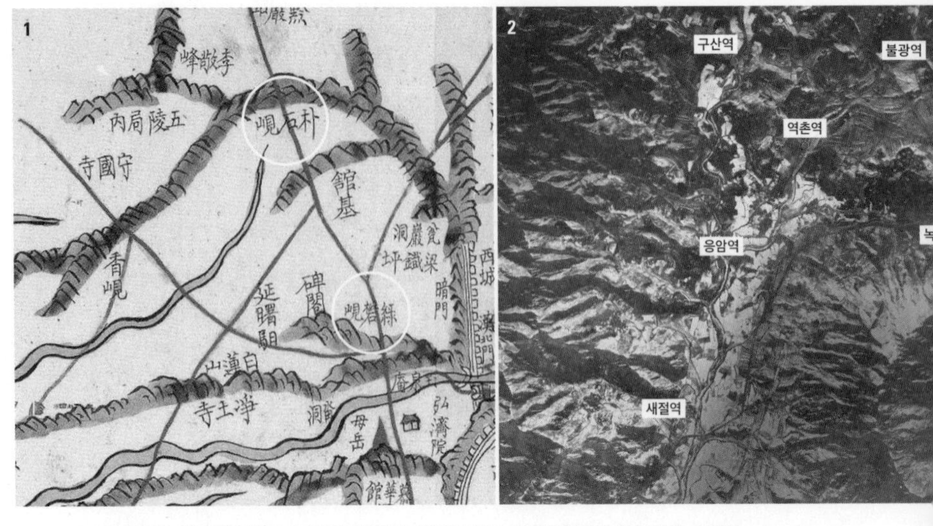

1 현 박석고개인 박석현과 녹번역 일대인 녹반현 부분, 〈경조오부도〉, 《동여도》, 1856.
출처: 서울역사박물관

2 불광천 일대 항공사진, 1947

1984년부터 1987년까지 과천문원초등학교를 다녔다. 당시 부모님은 안양초등학교 앞에서 미술학원을 운영하셨다. 그래서 수업을 마치면 과천에서 부모님이 계신 안양까지 혼자 시외버스를 타곤 했다. 과천정부청사 앞에서 탄 버스는 인덕원사거리까지 과천대로를 신나게 달렸다. 안양시 관양동 쪽으로 방향을 돌린 버스는 관양동과 비산동을 지나서 비산고가교(1호선과 경부선철도를 건너는 고가교)를 건너 안양병원(현재 안양샘병원)으로 갔다. 나는 안양병원 앞 정류장에서 내렸다. 인덕원사거리는 도로변의 풍경이 크게 달라지는 지점이기도 했고, 버스의 방향이 바뀌는 곳이어서 기억이 많다. 날이 추워지면 논에 물을 대고 큰 스케이트장이 개장했다. 지금의 인덕원역 8번 출구 앞이다. 1980년대 이곳은 항상 공사중이었다. 도로는 해마다 넓어졌고, 새로 생기는 길도 많았다. 비포장도로는 포장공사를 이어갔고, 건물은 하루가 멀다하고 한 층씩 올라가고 있었다. 어린 시절 버스를 타고 지나던 이 동네에는 몇 년 뒤 제1기 신도시가 들어섰다. 평촌신도시다.

평촌은 어린 내 눈에도 참으로 넓고 평평했다. 관악산과 청계산 사이의 과천에서 관악산과 수리산 사이의 안양을 오가면서 인덕원사거리 주변을 지날 때면 넓고 오르내림 없이 평평한 도로를 여러 정류장을 지나도록 한참을 달린 기억이 생생하다. 그때는 몰랐지만 '평평할 평(平)'자를 지역 이름에 사용할 만했다. 40년이 지난 지금 평촌신도시가 있는 안양시 동안구 인구는 약 35만 명 정도에 이른다. 땅이 넓고 평평해서 농사를 크게 짓던 곳이니 폭발적으로 늘어난 인구를 수용할 수 있는 수도권의 신도시 개발지로 적합하다고 생각했을 것이다.

비슷한 시기 서울에서도 늘어나는 인구를 수용할 수 있는 택지개발과 도로 신설이 한창이었다. 평촌처럼 대규모 신도시는 아니더라도 평평한 곳이 있으면 도로를 내고 택지개발을 했다. 어릴 적 평촌의 기억때문일까? '평평할 평(平)자'가 지명에 들어가는 곳이면 어릴 적 보았던 평촌의 넓은 논밭의 풍경이 겹쳐 보인다. 은평구도 그렇다. 은평구는 1980년대 늘어나는 서울의 인구를 수용하기 위해 개발이 급속히 진행된 서울 서북쪽의 행정구역이다. 은평구도 평촌처럼 농사짓기 좋은 곳으로 넓은 경작지가 펼쳐진 곳이다. 경기도 고양군 은평면에 속해있던 이곳은 북한산에서 내려오는 불광천이 흘러 농사에 필요한 물이 넉넉했고, 남쪽으로 넓게 트여 볕도 잘 들고 터도 넓었다. 광복이후에 제작된 1946년 지도에도 논이 넓게 표시되어 있다. 본래 농사를 짓기 위한 땅이었다. 은평구 북쪽 은평뉴타운에는 박석고개가 있다. 박석고개의 여러 유래 중에서 하나로 주변에 궁실의 전답이 많아 궁전(宮田)에 나가는 사람이 흙을 밟지 않게 하려고 돌을 깔았다는 이야기가

불광천과 연신내가 만나는 지점을 기준으로 동서방향으로 은평로가 포장되고, 1982년 불광천이 상류부터 복개되고 있다.

있다. 평야지대로 논밭이 많았던 것만은 분명해 보인다.

은평로

19세기에 제작된 〈경조오부도〉에서 박석고개를 찾을 수 있다. 한성 북쪽에 있는 '박석현(朴石峴)'이다. 박석현에서 붉게 표시된 길을 따라 남으로 내려가면 '녹반현(綠礬峴)'이 있다. 녹반현은 홍제동과 녹번동 사이의 고개인데, 변음되어 지금은 '녹번'으로 불리고 있다. 지금의 녹번역 주변에 해당한다. 박석현에서 녹반현으로 이어지는 이 길은 한양과 신의주를 잇던 의주로인데, 지하철 3호선이 지나는 통일로에 해당한다. 녹번현에서 서쪽으로 이어진 붉은 길을 따라가보자. 이 길은 은평구청 앞을 지나는 은평로에 해당한다. 은평로가 서쪽으로 향하며 만나는 하천이 불광천이다. 불광천과 은평로가 만나는 곳이 지금 지

하철 6호선 응암역 자리다. 지하철 6호선은 응암역에서 구산역을 지나 연신내역까지 복개된 하천을 따라 노선이 이어진다. 박석현까지 상류로 이어지는 하천 위치가 지하철 6호선 라인과 일치한다고 보면 정확할 것이다. 지금도 녹번역, 응암역, 연신내역을 잇는 삼각형 모양의 도로가 은평구의 중심에 있는데, 〈경조오부도〉의 붉은 길이 삼각형 모양으로 이어진 것과 일맥상통한다. 〈경조오부도〉에서 확인되는 이 지역은 경기도 고양군 은평면 일원이었는데, 1949년 서울시 서대문구로 편입되고 서대문구 은평출장소가 설치된다. 바야흐로 개발의 서막이 열리기 시작한 것이다.

아직 서대문구에 속했을 때인 1970년대까지 이 지역에는 단독주택이 가지런히 들어서고 있었다. 1972년 항공사진에서 불광역에서 역촌역으로 내려오는 6호선 노선과 일치하는 불광천 상류의 물줄기가

드림 시티
하나
50

아직 보인다. 응암역에서 구산역으로 올라가는 6호선 노선에는 연신내(천)도 아직 보인다. 불광천 상류의 두 줄기가 아직 복개되기 전이다. 주변에는 가지런히 정리된 택지 위에 양옥으로 지어진 단독주택이 빼곡하게 들어서고 있다. 눈에 띄는 도로가 있다. 불광천과 연신내가 만나는 위치를 기준으로 동서방향으로 뻗은 도로다. 은평구의 중심을 지나는 지금의 은평로다. 당시에는 신사로로 불리고 있었다. 1979년 은평구가 서대문구에서 분리되고 1980년 은평구청사를 준공한다. 은평구청 앞 신사로는 도로를 확장하고 비포장 구간은 포장을 하면서 차차 은평구의 중심거리 모습을 갖추고 있다. 한편 1982년 전후로 주택가를 굽이굽이 흐르던 불광천 상류는 조금씩 복개된다. 1982년 항공사진에서 역촌역 쪽의 상류에서부터 복개공사가 진행되고 있는 모습이 보인다. 이듬해인 1983년 항공사진에서는 연신내(천)와 만나는 응암역 위치까지 복개공사를 마무리한 모습이 보인다. 은평구청 앞 도로는 확폭과 포장공사를 이어가고 있으며, 확장된 도로 폭에 맞춰서 불광천을 건너는 다리도 확장하는 공사가 한창이다. 1984년 이 도로는 신사로에서 은평로로 이름이 변경되고, 은평구의 중심가로가 된다.

전화위복

은평로가 확장되고, 불광천 상류가 넓게 복개되면서 그 사이에는 식칼처럼 생긴 얇고 긴 땅이 만들어진다. 은평구의 다른 필지들은 넓고 평평한 지형 덕분에 여유있는 필지와 만듯한 모양새를 갖출 수 있었지만, 은평구청 앞 신작로인 은평로와 굽어 흐르던 불광천 사이에 끼어버린 이 땅만큼은 반듯하고 넓은 모양새를 갖추지 못했다. 구청사도 번듯하게 신축하고, 구청 앞 도로도 크게 확장해서 구 이름을 붙인 은평로로 개통했지만, 굽이 흐르던 불광천을 복개한 진흥로의 선형은 어찌할 수가 없었다. 진흥로와 은평로가 겹쳐 지나는 부분에서 이 좁고 긴 필지가 생겨버렸다. 은평구의 중심에 고립된 이 계륵같은 땅의 운명은 어찌되었을까?

조각난 필지 위에 어떻게든 서있는 생명력 질긴 건물을 찾아 페이스북에 소개하고 있을 때, 페이스북 친구였던 권태원 건축가의 제보로 은평로 85(응암동 91-8)의 건물을 알게 되었다. 일반적인 건물 형태의 선입견을 확실히 흔들어 놓는 모습이었다. 독특한 필지 형태와 조건 때문에 20여 년 간 개발이 진행되지 않다가 대기업의 참여로 진행된 것으로 보인다. 필지 규모가 작지만 은평구의 중심가로인 은평로에 접해 있어 은평로 양측에 지정된 상업지역으로 용도지역이 구분된다. 상업지역은 쉽게 생각하면 건물을 크고 높게 지을 수 있고, 오피스텔처럼 수익성이 높은 용도를 적용할 수 있어 사업성이 높은 땅이다. 이 필지는 은평로의 확폭으로 필지가 좁아졌지만, 은평로 덕분에 일반상업지역으로 구분되어 사업성이 높은 땅이 되었다. 전화위복은 이럴 때 사용하는 표현인가?

2004년 준공된 이 건물은 지상 15층, 지하 3층으로 주변에서 규모가 큰 편이다. 용도는 업무시설이지만 오피스텔로 계획되었으니 상업지역에 들어선 아파트라고 볼 수 있다. 2002년 당시 분양 관련 기사를 보면 CJ개발주식회사가 시공해서 신뢰가 높다는 내용이 있다. 당시는 6호선이 개통된 이후여서 접근성도 좋은 조건이었다. 불광천의 천변공원도 가까워 교통과 생활 여건 모두 좋은 평가를 받으며 분양에 성공했다. 계륵같은 필지에 어렵사리 들어선 건물이 상업적으로도 성공한 것이다. 주목할 부분은 불광천 쪽으로 개방된 서쪽 모서리 세대의 인기다. 모서리 부분이어서 평면 형태는 이형이지만, 꼭짓점에 위치해 전망이 좋은 세대다. 필지와 건물의 폭이 좁았기 때문에 한 층에 한 세대만 있는 이 모서리 세대는 남쪽과 서쪽 그리고 북쪽이 모두 개방되는 180도 파노라마 경관을 갖게 되었다. 모서리 세대의 이런 특징은 부동산의 매물정보에서 높은 가격과 인기를 실감할 수 있다. 은평로를 서쪽에서 동쪽으로 지나면서 불광천 쪽에서 이 건물을 바라보면 과연 그럴 만해 보인다. 건물은 극도로 좁고 얇아 보이는데, 무려 15층 높이이다 보니 건물처럼 보이지 않고 기둥처럼 보이기도 한다.

어린 시절 보았던 평촌의 드넓은 논밭에는 하늘로 오른 아파트가 가득 메우고 있다. 고양시 은평면 시절의 은평도 비슷했을 것 같다. 은평구가 분구된 이후 40여 년 간 치열하게 진행된 개발로 은평의 논밭은 이제 찾아볼 수 없다. 다만 오랜 기간 은평의 논밭에 소중한 물을 대어주던 불광천의 굽은 모습이 은평구의 중심가로변에 높게 자리 잡은 오피스텔 건물의 형태로 그 흔적을 남겼다. 앞으로 40년은 또 어떤 변화가 있을까? 전망 좋은 모서리 세대에 살고 있는 사람의 눈에 그 한해 한해의 모습이 담기길 바란다.

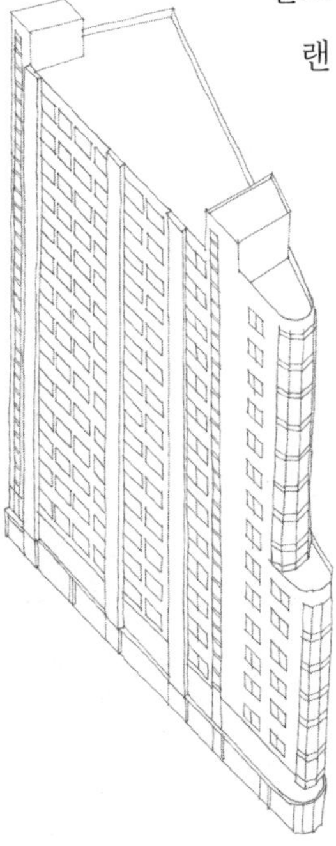

강물은 흘러갑니다. 제3한강교 밑을

성동구 한림말길 41-5
(옥수동 196-1)

제1한강교, 제2한강교, 제3한강교….

다리 이름을 찾아보게 된 것은 한남대교 북단에 있는 독특한 건물 때문이다. 한남동의 변화를 확인하기 위해 한남대교의 자료를 기웃거리다가 한남대교의 옛 이름이 제3한강교라는 것을 확인했다. 당시 한남대교, 즉 제3한강교와 주변 모습이 궁금해서 '제3한강교'라는 이름으로 검색을 해보니 뜻밖에 노래와 영상이 쏟아졌다. 1979년 가수 혜은이가 부른 "제3한강교"는 1980년대를 대표하는 노래이면서 혜은이의 대표곡이기도 하다. 노래가 얼마나 인기 있었는지 노래 가사를 내용으로 한 같은 이름의 영화가 개봉했을 정도다. 건물에 대한 궁금증이 금세 제3한강교(한남대교)로 옮겨갔다. 이전까지 한강에는 다리가 많지 않았다. 1900년 철도 노선을 위한 한강철교가 다리로는 최초였지만, 철교가 아닌 인도교로 첫 번째 다리는 1917년에 개통된 제1한강교이다. 한국전쟁으로 크게 파손되어 1954년에 복구된 이 다리는 1984년 8차선으로 확장 재개통했는데 이때 '한강대교'라는 새 이름을 얻었다. 두 번째 한강의 인도교는 1965년에 개통된 제2한강교다. 역시 8차선으로 확장하고 재개통하면서 1984년 '양화대교'라는 이름을 얻는다. 그리고 1969년에 제3한강교가 개통한다. 제3한강교가 놓인 한강진 지역은 조선시대부터 중요한 길목이었다. 남소문을 통해 한양을 나서 이곳 한강진에서 한강을 건너면 용인-충주-문경-상주-대구-밀양을 거쳐 동래(부산)에 닿는 영남대로로 이어졌다. 제3한강교가 강을 건너면 곧바로 경부고속도로로 이어지는 것도 이런 배경이 있다. 혜은이의 노래 "제3한강교"가 대중적인 인기를 얻은 덕분일까? 1982년 제작된 영상에 "제3한강교" 노래와 함께 제3한강교를 비롯한 다른 한강의 다리 모습이 고스란히 담겨있다. 한남대교 북단의 독특한 건물이 자리

한남오거리의 기형적인 도로선형은 남산에서 내려왔을 것으로 추측되는 굽은 하천의 흔적이다.

잡은 한남동의 옛 분위기를 엿볼 수 있어 흥미로웠다. 한남동의 옛 분위기를 잠시 느꼈으니 이제는 건물이 자리 잡은 필지의 구체적인 이야기가 궁금해졌다.

사라진 하천과 남은 필지

한남대교 북단의 이 건물은 근처에서 근무하던 지인 제이슨 김의 제보 덕분에 알게 되었다. 2019년에 준공된 최신 건물인데, 그 형태가 좁고 얇아 신기하다며, 건축가인 내게 사진을 찍어 보냈다. 건물이 있는 한남대로21길 27(한남동 78)의 위치를 확인해보니 한남대교가 한남동과 만나는 한남오거리 옆이었다. 차를 타고 지날 때면 도로선형이 급히 돌고, 낯선 형태의 교차로가 많아 항상 긴장하며

운전하는 곳이다. 건물의 얇은 형태가 이곳의 기형적인 도로선형과 관련이 있을까? 1972년 항공사진과 지금 모습을 비교해보니 지금은 없어진 하천이 보였다. 남산에서 내려왔을 것으로 추측되는 이 하천은 1969년 제3한강교와 한남대로가 만들어지면서 한남대로 아래에 묻혔을 것이다. 하지만 한남대로 서쪽으로 빠져나와 한강으로 굽어가는 모습이 아직 남아있었다. 1979년 항공사진에서는 순천향병원 방향으로 대사관로가 생기면서 한남오거리의 모습이 지금과 비슷해진다. 한남오거리 위를 단숨에 건너가는 한남2고가차도(1976년 준공)도 보인다. 이때까지만 해도 굽은 하천이 남아있다. 이 하천 때문에 독서당로가 한남오거리를 지나면서 급히 방향을 돌리며 문어발처럼 요동친 것이다. 혜은이가 "제3한강교"를 발표한 1979년 후반부터 이 하천의 복개가 시작된다. 전국에서 "제3한강교" 노래가 불려지던 시기에 이 하천은 땅속으로 사라진 것이다.

하천이 복개되고 양쪽으로 도로를 면하게
되어 목 좋은 땅이 된 대사관로30길 23

하천이 있던 땅에 접해 있는
한남대로21길 27

제보받은 한남대로21길 27은 이 하천에 접한 땅이었다. 하천이 복개되고 도로가 생기면서 접근성이 좋아졌다. 대사관로30길 23(한남동 631-5)도 비슷한 상황이다. 한남대로의 이면도로 끝에서 하천과 도로 틈에 낀 후미진 땅이었는데, 하천이 복개되면서 양쪽으로 도로를 면하게 되면서 목 좋은 땅이 된 것이다. 먼저 건물을 지은 것은 한남동 대사관로30길 23이다. 4층 규모의 콘크리트 건물이 하천이 복개되자마자 1982년에 들어섰다. 당시에는 주변에서 꽤 높은 건물이었을 것이다. 반면 한남대로21길 27의 사정은 조금 달랐다. 원래 도로에 접하지 못했던 이 땅은 하천이 복개되면서 겨우 도로에 접하게 되었지만, 한남대로변의 큰 건물에 밀려 폭이 좁은 쓸모없는 땅이었다. 그나마 큰 도로에서 가깝다는 장점을 살려 기사들이 식사할 수 있는 식당이 자리를 잡을 수 있었다. 항공사진에서도 식당 앞에 가지런히 주차한 차량이 눈에 띈다.

반전은 하천이 복개되고 40년이 지나서 일어난다. 하천 서쪽에 자리했던 대사관로30길 23은 한남대로 이면의 제3종일반주거지역으로 분류되어 있었고, 하천 동쪽에 있던 한남대로21길 27은 한남오거리에 인접하며 일반상업지역으로 분류되어 상황이 달랐다. 일반상업지역은 일반주거지역에 비해 건축물의 높이제한이나 용도제한이 적어 상대적으로 개발 가능성이 높다. 문제는 한남대로21길 27의 면적이 290㎡ 정도로 매우 작다는 것이다. 전원주택을 위한 필지 가운데 작은 크기의 땅과 비슷하니 일반상업지역이라고 좋아할 일만은 아니다. 작아도 너무 작았다. 개발이 쉽지 않으니 주변의 일반상업지역 필지에 하나씩 하나씩 높은 건물이 들어서도록 이 땅에는 여전히 단층건물인 식당으로 남아있었다. 드디어 2018년 건축허가가 나자마자 다음 해인

2019년 11층 건물이 준공된다. 지하 2층을 포함하면 총 13개 층이니 한 달에 한 층씩 쑥쑥 올라간 것이다. 우후죽순은 이런 때 쓰는 용어가 아닐까? 1층과 지하에 어떻게든 주차장을 확보하고, 확보한 주차장만큼 계획할 수 있는 면적을 최대한 만들어야 했을 것이다. 그래서 좁은 땅 면적을 효율적으로 활용해야 했고, 건물의 모습은 날카로운 삼각형의 필지 형태를 그대로 닮게 되었다. 혜은이의 노래 "제3한강교"가 발표될 때 사라진 하천의 모습은 필지 형태로 남았고, 필지 형태는 건축물의 형태로 남았다. 하천의 DNA가 40년이 지나서 건축물 형태에 드러난 것이다.

한림말길의 외톨이 땅

이번에는 한남대교 옆 동호대교 북단에 있는 건물이 제보로 들어왔다. 옥수동에서 한남동으로 넘어가는 한림말길을 지나던 민서홍 건축가가 길가에 서있는 폭이 좁은 건물을 발견하고 연락을 주었다. 한림말길 41-5(옥수동 196-1)이다. 한남대교 개통 이후 차량 통행이 증가하고, 도로 개설과 하천 복개가 진행되는 모습을 학습한 터라 곧바로 동호대교를 주목했다. 동호대교는 한남대교(1969)보다 16년 늦은 1985년에 개통했다. 한남대교는 교량 공사 중인 항공사진 자료를 찾지 못했는데, 동호대교는 교량 공사장면이 담긴 항공사진을 확인할 수 있어서 더 흥미로웠다. 1972년 옥수동은 한남동오거리와 달리 한적한 농촌마을처럼 보였다. 한림말길 41-5 주변은 지금은 흔적도 찾을 수 없는 주택과 밭으로 둘러싸여 있어서 아직 한림말길 41-5 필지의 모습을 찾을 수가 없었다. 다만 바로 옆 옥정초등학교 교사와 운동장 그리고 경계를 두르고 있는 담장이 유일한 기준이 되어 주었다.

동호대교 개통, 지하철 3초선 옥수역 운행 시작, 대규모 아파트 단지 개발 등 1980년대 중반부터 옥수동은 급속도로 변한다.

1982년 공사가 한창인 동호대교의 교각들이 보였다. 1984년에는 공사중인 옥수역과 금호터널의 입구가 보인다. 금호로 위의 집들은 헐리고, 밭에는 건물이 들어서고 있다. 1985년 동호대교가 개통되고, 지하철 3호선 옥수역이 운행을 시작했다. 한적한 동네였던 옥수동은 급속도로 변화하게 된다. 1988년 항공사진에서 옥수동에서 한남동으로 넘어가는 새로 생긴 한림말길이 모습을 드러냈다. 1990년대는 본격적으로 아파트가 들어서기 시작한다. 크고 작은 아파트단지 공사가 진행되었다. 이때 옥정초등학교와 새로 생긴 한림말길 사이에 남은 한림말길 41-5는 어느 아파트단지에도 포함되지 못했다. 대규모 단지형 재건축 방식이 진행되면서 외톨이로 남은 것이다. 그나마 옥정초등학교가 이 외톨이 땅 옆을 지키고 있어 다행이었다. 아무도 놀아주지 않는 친구의 손을 잡고 있는 든든한 동네 형 같다. 아이들이 등하교하는 길목이어서 그나마 유일한 장점이자 희망이었을 것이다. 든든한 옥정초등

학교를 믿고, 1997년 이 외톨이 땅에 건물이 들어선다. 대지면적 57㎡ 위에 건축면적 30.98㎡의 작디작은 건물이다. 하지만 학교 앞 목 좋은 곳이니 최대한 면적을 확보하고 싶었을 것이다. 무려 4층 규모로 올라갔다.

옥수역 방향의 좁은 면은 폭이 2m가 안 된다. 공간으로 활용하기 어려웠는지, 이 좁은 모서리에 계단실을 두었다. 30.98㎡ 면적에서 계단실을 제외하면, 2층과 3층에서 사용하는 면적은 20㎡가 안 될 것 같다. 4층은 16.97㎡인데, 계단을 제외하면 실상 사용할 수 있는 면적이 없어 보인다. 계단실 반대쪽으로 보일러 연도와 작은 창이 보인다. 작은 보일러실과 화장실이 있음을 추측할 수 있다. 한림말길에서 바라보면 이 건물의 좁은 입면은 뉴욕 타임스퀘어에 있는 타임스퀘어 빌딩과 흡사하다. 학교 정문 앞과 한림말길을 향한 이 좁은 건물 입면은 입주한 상점의 광고판이 가득 메우고 있다. 길목은 길목인가 보다.

八字⌂
팔자집
2296 3827
THE ART STUDIO
ORANGE
PREMIUM ART LESSON
010 . 8260 . 3830
카페봄날
CAFE Bomnal
커피 / 디저트 / 샐러드
디톡스쥬스 / 아이스크림
02) 2281-5858
Dental Clinic
뉴욕 수치과
TEL.794-7528
41-5
주차금지
외부인
2298-4000
삼오

혜은이의 "제3한강교"만큼 유명한 노래는 아니지만 옥수동의 동호대교를 소재로 한 노래도 있다. 동호대교를 건너면서 연인이 사는 옥수동을 바라보며, 보고 싶은 마음을 노래한 선댄스의 2014년 곡, "동호대교"다. 빅토르 위고의 소설《파리의 노트르담》이 철거 위기에 놓인 노트르담 대성당을 복원하자는 생각을 파리 시민의 마음에 심어준 것과 비교할 수는 없겠지만, 한남동과 옥수동의 이 건물들도 이 노래들과 함께 이 지역의 시간을 담은 흔적으로 남아있기를 바라본다.

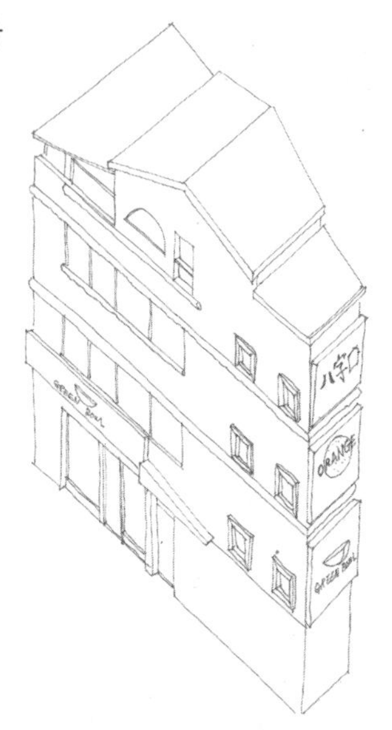

건물이 들려주는 홍제천과 세교천의 물소리

마포구 월드컵북로 12
(동교동 206-14)

'뜨아'는 2020년 5월 28일 페이스북에 첫 글을 올린 후 조각난 필지나 이형 필지에 지어진 극한의 독특한 건물을 소개하며 이름 붙인 시리즈 제목이다. 길고 설명적인 내용보다 이런 건물을 마주했을 때 자연스럽게 나오는 감탄사를 사용했다. 뭐라고 길게 설명하기 어렵지만 극한의 상황에서 독특하게 지어진 건물에 대한 공통적인 표현이었는데 다른 분들도 재미있어 했다. 가까운 건축가들과 친구들 그리고 모르는 분들도 각자의 생활권에서 찾거나 보았던 '뜨아'를 제보했다. 제보받은 뜨아는 직접 찾아가서 확인하고 모두에게 공유했다. 이런 방식으로 함께 찾고 함께 즐기는 '뜨아 시리즈'가 이어지게 되었다. 그 중에서도 "건물에 '뜨아'라고 크게 붙여 놓은 '뜨아'가 있어요."라는 제보가 기억에 남는다. '뜨아'를 써 놓은 '뜨아'라니 이게 무슨 일이란 말인가?

'뜨아!'

대학 후배 김진경 건축가가 찾아준 월드컵북로8길 3(연남동 487-391)은 제보받은 다음 날 찾아갔다. 로드뷰로 확인을 했지만, 직접 보고 싶은 맘이 컸기에 더 기다릴 수가 없었다. 홍대입구역 1번 출구로 나와 월드컵북로8길 3으로 향했다. 이 길은 홍익대학교 정문에서 월드컵경기장을 넘어 제2자유로까지 직선으로 이어지는 길이다. 본래 이름은 '서교로'였는데 2010년 도로명 주소가 시행되며 '월드컵북로'로 바뀌었다. 월드컵북로를 500m 정도 걸어가니 과연 제보받은 모습 그대로 폭이 좁고 얇은 건물이 있었다. '일리터(1LITER)'라는 카페에서 내건 광고판이 폭이 좁은 쪽 중앙에 세워져 있었다.

"뜨아, 아아, 2샷 2000, 4샷 3000."

뜨거운 아메리카노를 줄여서 '뜨아', 아이스 아메리카노를 줄여서 '아아'라고 하는데 줄임말 그대로 적어둔 것이다. 페이스북 친구들과 즐

간판
010-4746-2993
함께하는 사회
이오드림
(주) 이오드림 서울본사 02)338-4922
아름다운
사랑
칼국수 공장
1LITER
CAFE • DELIVERY • TAKE OUT
카페일리터 연남점
뜨아 아아
2000
3000
1LITER
밀알식품
국수팝니다
공장도가격 판매
-생면류-
•칼국수
•만두피
•수제비
•우동·짜장
•메밀국수
1LITER
CAFE • BAR • DELIVERY
OPEN

기고 있는 극한의 건축물 시리즈 제목인 '뜨아'와 발음과 표기가 같다. 어쨌든 '뜨아'는 '뜨아'였다.

'뜨아' 해프닝으로 가벼운 웃음을 머금고 즐거운 마음으로 건물 주위를 둘러보는데, 골목 풍경에서 이상한 차이가 느껴졌다. 월드컵북로8길 3을 경계로 하는 월드컵북로8길의 동쪽과 서쪽의 도시조직과 골목의 형태가 극명하게 달랐다. 한쪽은 직각으로 만나는 길 위에 일정한 규모의 건물이 가지런히 놓여 있고 다른 쪽은 흘러가듯 굽이치는 길과 함께 다양한 규모와 형태의 건물이 경쟁하듯 놓여 있었다. 망원동의 망리단길에서 비슷한 경험을 한 기억이 스쳤다. 지도 앱을 실행하고 망원동과 연남동이 한 화면에 들어오게 축소해서 들여다 봤다. 망원동, 성산동, 동교동 일대는 전체적으로 직교하는 가로 체계로 이루어져 있는데, 그 중앙에 큰 S자 형태로 방향성을 갖는 이질

적인 도시조직이 이어지고 있었다. 월드컵북로8길 3은 이 이질적인 도시조직이 직교하는 가로 체계와 만나면서 생긴 작은 조각이었다. 이 굽이치는 도시조직은 무엇일까?

홍제천

한동안 이 의문점에 답을 찾지 못하다가 우연한 기회에 접한 옛 서울지도에서 실마리를 찾을 수 있었다. 1936년 제작된 〈경성시가지계획평면도〉에 표기된 홍제원천(弘濟院川)의 모습이 월드컵북로8길 3 주변의 이질적인 도시조직의 형태와 닮아 보였다. 사료를 찾아보니 일제강점기 후반에 진행된 홍제천 직강화 공사로 홍제천

〈경성시가지계획평면도〉(1936)에서 보이는 홍제원천.
출처: 서울역사박물관

의 흐름이 지금처럼 연남교교차로에서 성산대교까지 직선 형태로 변경되었다. '연남-성산-망원'으로 이어지던 굽은 물길은 복개되었다. 그리고 홍제천은 모래가 많은 천이라 모래사장이 넓어 '사천(沙川)'이라고도 했고 우리말로는 '모래내'라고 한 것을 미루어 짐작하니 〈경성시가지계획평면도〉에서 폭이 넓게 표현된 것이나 월드컵북로8길 3 주변의 이질적 도시조직의 규모도 이해가 되었다. 1947년 항공사진에서 직선으로 선형이 변경된 홍제천과 본래 홍제천의 선형을 비교할 수 있었고, 1969년 항공사진에서는 복개된 홍제천 자리에 흐르고 있는 건축물의 물결을 확인 할 수 있었다.

그런데 1969년 항공사진에 또 다른 하천이 눈에 띈다. 이 하천은 무엇일까?

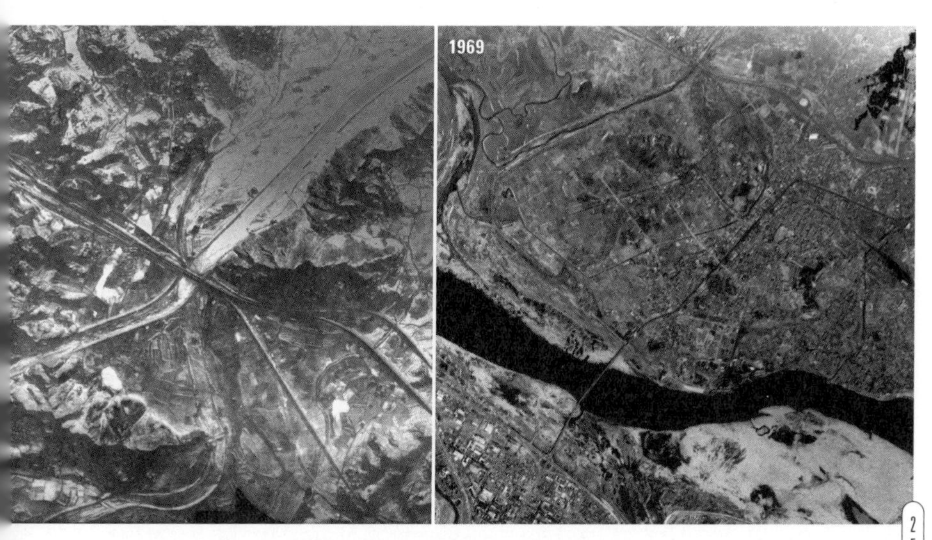

일제강점기에 홍제천 직강화 공사로 홍제천의 흐름이 지금처럼 연남교차로에서 성산대교까지 직선 형태로 변경되었다. 이후 물길은 복개되었다.

동교동과 서교동에는 안산에서 발원해서 연희동을 거쳐 내려오는 작은 천이 있었다고 한다. 이 천 곳곳에는 작은 다리가 놓여 있었는데 작은 다리가 많아서 '세교천(細橋川)'으로 불렀다고 한다. 우리말로는 '잔다리천'이다. 당인리선에 있던 역 이름이 이 하천의 이름을 따라 세교리역이었다. 지금은 없어졌지만 윗잔다리 어린이공원(양화로18안길 21)에 이름만 남아 있다. 세교천 주변을 예부터 세교리라고 불렀는데, 19세기 지도인 〈경조오부도〉를 들여다 보면 '사천'이라 표기된 '홍제천'이 있고, 그 아래

사천과 세교리 부분, 〈경조오부도〉, 《동여도》, 1856.
출처: 서울역사박물관

안산에서 발원해 연희동을 거쳐 내려온 세교천의 복개 과정이 보인다.

작은 하천과 함께 '세교리'가 표기되어 있다. 이 세교리 동쪽을 동세교리 또는 윗잔다리, 서쪽을 서세교리 또는 아랫잔다리로 부르던 것을 줄여서 동교동과 서교동으로 이름 지어졌다.

세교천

1969년 항공사진에서 보이는 또 다른 하천은 세교리를 흐르던 세교천이었다.

월드컵북로8길 3과 복개된 홍제천 흔적을 둘러보고 돌아오는 길에 새로 지은 얇은 건물과 맞추쳤다. 홍익대학교 정문으로 향하는 월드컵북로와 세교천을 복개해서 만든 동교로가 교차하는 모서리인 월드컵북로 12(동교동 206-14)의 건물이다. 바로 옆 월드컵북로 14(동교동 206-13)에 있는 큰 건물과 하나의 땅일 것만 같은데, 혼자 외롭게 소외된 듯 자리를 지키고 있었다. 세교천의 변화가 궁금했던 상황이라 세

밀정원
BAR
MEGA
FFEE

교천과 월드컵북로 14의 변화를 함께 들여다보게 되었다.

1977년 항공사진에서 세교천 복개공사 모습이 보이고, 세교천 옆 월드컵북로 12가 속한 너른 땅은 이때까지 월드컵북로 14(동교동 206-7)로 모두 하나의 필지였다. 많은 차량이 주차되어 있는 것으로 미루어 차고지나 정비소가 아니면, 주차장처럼 보인다. 같은 필지였던 세 필지의 운명이 나뉜 것은 1988년 일이다. 토지대장을 확인해보면 동교동 206-7번지는 세 개의 필지로 나뉘는데, 본래 지번을 유지하는 동교동 206-7과 동교동 206-13 그리고 동교동 206-14로 분필된다. 그런데 동교동 206-7과 동교동 206-13은 각각 353.8㎡와 493㎡로 건물을 지을 정도로 넉넉한 크기였지만, 동교동 206-14는 건물을 지을 만한 크기가 아니였다. 고작 88.1㎡에 불과했고 땅의 모양도 삐죽빼죽이었다. 도로가 교차하는 모서리 부분을 도로로 내어주기 위해 가각전제를 염두한 분할로 추측된다. 조각난 동교동 206-14를 제외하고 다른 필지들끼리 묶어 하나의 신축 건물이 1993년에 지어진다. 동교동 206-14는 도로에 편입되지도 않았다. 은근슬쩍 큰 건물의 주차장으로 사용되면서 그렇게 잊혀졌다.

필지가 셋으로 나뉘었지만, 1999년까지 세 필지 모두 김○○ 한 사람의 소유였다. 그러니 조각난 필지를 포함해서 주차장으로 사용하는 것도 가능했을 것이다. 1999년 조각난 동교동 206-14를 제외하고, 건물이 지어진 큰 필지 두 개는 김□□에게 소유권이 이전된다. 2002년 김○○와 김□□의 거주지가 같아지는 것으로 미루어 부자지간으로 추측된다. 조각난 동교동 206-14는 계속 김○○의 소유로 남아 있다가 2016년 11월 10일 아들 김□□에게 소유권이 이전되고, 같은 날 김△△에게 소유권이 이전된다. 나이 차이로 미루어 김□□과 김△△은

형제일 것 같다. 아마도 김○○으로부터 상속 정리가 된 것이 아닐까 추측해볼 뿐이다. 어쨌든 조각났던 동교동 206-14는 새 토지주인 김△△을 만나면서 반전이 일어났다. 한때 같은 필지였지만, 자기만 제외하고 큰 건물을 신축한 동교동 206-7과 동교동 206-13으로부터 분리해서 보란 듯이 새로운 건물을 신축한 것이다. 88.1㎡ 땅 위에 한 층 당 31.51㎡인 3층 건물이다. 월드컵북로에서 홍익대학교를 방향으로 이 얇은 건물을 바라보면, 홀로 남겨진 것처럼 외로워 보인다. 세교천이 복개되지 않았다면 그 외로움이 좀 덜 했을까?

홍대 앞에 흐르던 홍제천과 세교천은 이제 볼 수가 없다. 다만 홍제천의 흔적 조각인 월드컵북로 8길 3과 세교천의 흔적 조각인 월드컵북로 12에 들어선 건물이 이곳에 하천이 흘렀던 것을 말없이 보여주고 있을 뿐이다. 이들이 들려주는 홍제천과 세교천의 물소리를 상상하며, 홍대입구역에서 집으로 돌아가는 지하철을 기다린다.

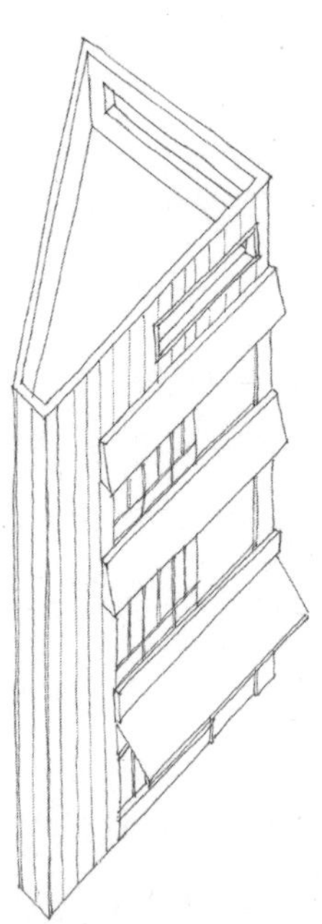

할아버지, 아버지 그리고 나도 건넜을 월곡천

강북구 도봉로10길 34
(미아동 860-163)

지하철 4호선 미아사거리역을 나는 아직도 미아삼거리역으로 읽는다. 할아버지 집을 찾아올 때면 혹여나 지나칠까 동생 손을 꼭 잡고 미아삼거리역 이름을 쉬지 않고 곱씹었기 때문일지도 모르겠다. 오랜만에 걷고 있는 미아사거리역 뒤쪽 골목은 기억 속 모습과 많이 달라져 있었지만, 롯데백화점 미아점 뒤쪽으로 나오니 구불구불 이어지는 도봉로10길의 풍경은 30년 전처럼 여전히 인상적이다. 어릴 적에는 빨리 할아버지 집에 가려고 잰걸음으로 지나던 길이었는데 오랜만에 방문해서인지 굽은 길을 따라 천천히 걷고 싶어졌다. 조금 걷기 시작하자 굽은 길을 따라 이상한 건물들이 눈에 들어온다. 예전에도 이 길에 이 건물들이 있었던가? 백화점 뒤에서 좁은 입면을 마주하고 있는 도봉로10길 34(미아동 860-163)와 기차처럼 이어진 기형적인 건물들 끝에 마치 뱀의 머리처럼 자리잡고 있는 도봉로8길 58(미아동 860-43)이다. 이 특징적인 두 건물을 기준으로 어릴 적부터 인상적이었던 도봉로10길의 변화를 더듬어보고 싶어졌다.

아버지의 축구장

내 기억 속의 미아삼거리는 동생이 태어난 1980년 봄부터 할아버지께서 돌아가신 1998년 봄까지다. 구체적인 건물이 기억나진 않지만 분명한 것은 계획도시였던 과천에서 초등학교를 다니던 내게 할아버지 집이 있는 미아삼거리는 완전히 별천지였다. 도로를 가득 메운 자동차와 버스, 좁은 골목, 북적거리는 시장에 내놓은 돼지머리와 생선이 후각을 자극하고 목청껏 물건 가격을 외치는 상인들 사이에서 정신을 차리지 못하면서 아버지의 손을 놓치면 안 되겠다고 생각했다. 좁은 골목과 시장통을 지나면 경사가 심한 길을 만났다. 겨울이면 눈 위에 연탄재가 뿌려져 있었고, 덜 깨진 연탄재를 밟던 기억이 생생하다.

아버지께서도 중학교 시절 이곳에서 친구들과 놀이를 하셨다는 사실을 알게 된 것은 30년이 훌쩍 지난 최근 일이다. 아버지는 4.19가 있었던 1960년, 수송동에 있던 중동중학교에 입학하셨는데, 운동장이 협소한 중동중학교는 일주일에 한번 미아삼거리에 있는 축구장으로 학생들을 보내 오후 내내 체육수업과 야외활동을 했다고 한다. 중동중학교와 중동고등학교에서 사용하던 이 축구장은 주말에는 일반인도 사용했던 것 같다. 한 달에 한 번씩은 연예인이 이곳에서 축구를 했는데, 남진, 구봉서, 이기동 같은 연예인이야기도 있다. 스포츠 시설이 변변치 않았던 1960~70년대에 시내에서 가까운 너른 운동장은 인기가 많았던 모양이다. 30년 세월을 사이에 두고 아버지와 나는 같은 공간에서 종종 걸음으로 돌아다니고 뛰어논 것이다.

1973년 미아삼거리 주변의 항공사진에는 아버지가 중학생 시절 친구들과 뛰어놀던 중동중·고등학교 축구장이 보인다. 축구장이라곤 하지만 넓은 공터다. 내게 인상적이었던 도봉로10길의 굽은 선형도 보였다. 주변에는 단독주택이 빼곡하다. 그런데 낯선 것은 도봉로10길에 사람은 없고 작은 다리만 촘촘하게 놓여 있는 모습이다. 도봉로10길이 구불구불하게 생긴 것은 역시 물길이었기 때문이었다. 아버지는 하천의 이름은 모르겠지만, 중학생 때 수송동에서 시내버스를 타고 종점에 내려 한참을 걸어 축구장에 갔는데, 이 하천을 건넜던 기억이 있다고 하셨다. 아버지의 기억을 참고로 확인한 이 천은 북한산 동쪽 기슭에서 시작해 미아동을 가로질러 월곡동 화랑교 인근에서 정릉천과 합류하는 '월곡천'이다. 길 건너 송천동과 도봉로10길이 연장되는 솔샘로 그리고 우의신설선의 솔샘역이 모두 월곡천의 흔적이다. 월곡천의 모습이 담긴 1972년 항공사진을 보고나니 월곡천의 줄기였던 도봉로10길의 이름에 아쉬움이 남는다.

월곡천은 내가 태어난 1976년을 전후해 복개되었다. 1973년 지금 송중동 체류지펌프장과 어린이공원이 있는 구간에서 복개가 시작된다. 미아삼거리에서 아버지가 뛰어놀던 축구장으로 올라가는 길목이다. 도봉로8길 58은 이 길목에 있으니, 복개되기 시작한 지점에 위치한 셈이다. 1975년에 북쪽과 남쪽, 양쪽으로 복개구간이 연장된다. 1977년에는 상류 쪽인 송천동에서 복개구간이 내려오면서 중간인 롯데백화점 미아점 뒤쪽 구간에서만 하천이 보인다. 도봉로10길 34 앞은 내가 태어나서 할아버지 집에 잠시 머물렀던 1977년까지도 월곡천이 마지막까지 남아있던 구간이다.

월곡천이 복개되는 사이 할아버지 집이 먼저 지어지고, 뒤이어 아버지가 뛰어놀던 축구장에는 미아아파트가 들어선다. 1974년의 일이다. 한창 공사중인 할아버지 집의 모습에서는 돌아가신 증조할머니께서 생활하시던 가운데 방과 어린 내가 주전부리를 찾던 부엌 옆 광, 가족 모두 모여 제사지내던 안방 그리고 사촌들과 놀던 작은 방도 보인다. 미아아파트 공사가 시작되지 않은 축구장에는 아버지의 후배들인지 동네 아이들인지 알 수는 없지만, 축구 골대 주변으로 뛰어다니는 아이들이 보인다. 1970년대 중반, 할아버지 집이 지어지고 손자인 내가 태어났지만, 월곡천은 아버지의 축구장과 함께 추억 너머로 사라지

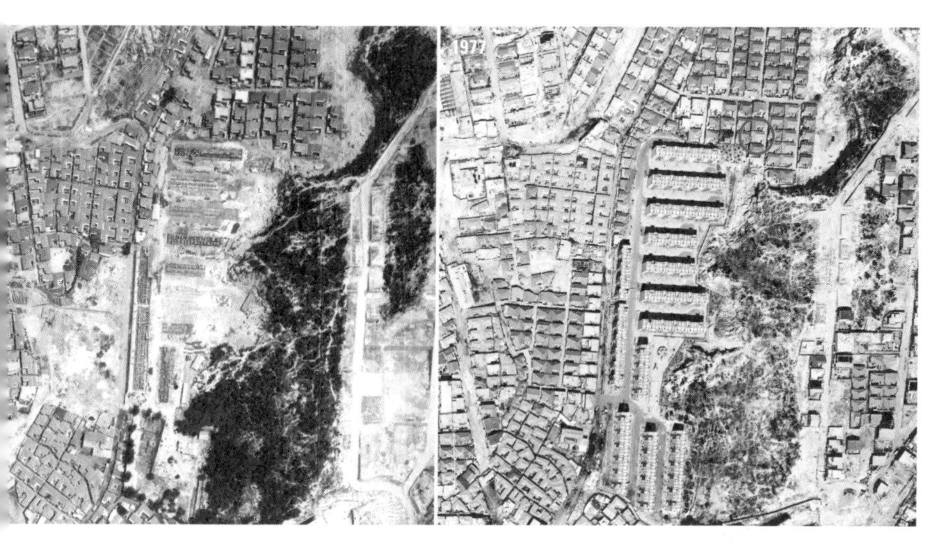

할아버지 집 일대 항공사진. 아버지가 중학교 시절 뛰놀던 넓은 공터는 1974년부터 아파트가 들어섰다(동그라미한 단독주택이 할아버지 집이었다).

고 있었다. 한 세대가 지나 아버지는 할아버지가 되셨고, 나는 두 아이의 아빠가 된 지금, 축구장에 들어선 미아아파트 자리는 2003년에 재건축되어 미아 경남 아너스빌이 들어섰다. 할아버지 집은 2017년에 재건축으로 없어지고 그 자리에 지금은 미아 꿈의 숲 롯데캐슬이 들어섰다. 아버지의 축구장이 그랬던 것처럼 나의 할아버지 집도 기억 속에만 남았다.

월곡천 흔적 1: 도봉로10길 34

반면 월곡천 주변은 하천의 형상과 필지의 흔적이 질기게 살아남아 있다. 마지막에 복개된 롯데백화점 미아점 뒤에 있는 도봉로10길 34를 추적해보자. 지금의 미아사거리역 1번출구 앞 넓은 터에 여러 대의 버스와 기름탱크가 보인다. 버스종점과 주유소로 보인다. 바로 뒤

약손
마사지
3층
985-0089
아지트
호프소주
ELEVEN
24시간편의점
미술
중식포차
부동산
OPEN
Cass

쪽에 위치한 도봉로8길 58은 도봉로 동쪽의 주택가와 새로 지어진 미아아파트에서 도봉로로 걸어나오는 가장 짧은 경로의 지름길이었다. 월곡천을 건너는 다리가 있는 이유였을 것이다. 월곡천 복개가 마무리되자 주택은 잘려나가고 골목은 넓어졌다. 잘려나간 집은 주택에서 상점으로 용도가 바뀌었을 것이다. 한동안 이 상황이 이어진 것 같다. 1982년 도봉로에서 지하철공사를 시작했지만 도봉로에 접한 건물을 제외하면 주변 단층 주택들은 여전했다. 1985년 지하철4호선 미아삼거리역이 개통되자 도봉로부터 신축이 진행된다. 주유소가 있던 큰 필지에 먼저 큰 건물이 들어서고 이면의 복개도로에 접한 땅에도 주택이 헐리면서 주차장을 갖춘 소규모 상가건물이 들어선다. 도봉로10길 34에는 월곡천이 복개되고 골목이 확장되면서 잘린 주택이 남아 있었는데, 1994년 지하 1층, 지상 5층 규모의 건물이 지어졌다. 앞은 월곡천이 복개된 도봉로10길을 마주하고, 양쪽으로 월곡천이 있을 때부터 다리를 건너 각자의 집으로 향하던 무수한 걸음걸음이 지났을 두 갈래 길이 지난다. 하천과 골목 확장으로 사방을 내어주고 남은 67.17㎡ 좁은 땅 위에 지어진 이 건물은 '여기가 월곡천을 건너는 길목이었다'고 이야기 하듯 등대처럼 서있다.

월곡천 흔적 2: 도봉로8길 58

월곡천 복개가 먼저 시작된 도봉로8길 58은 미아삼거리에서 주택가로 들어서는 곳이라 입지가 좋았다. 지하철이 개통(1985)되고 몇 년 뒤인 1988년 지하 1층, 지상 3층 규모의 건물이 신축된다. 주변의 다

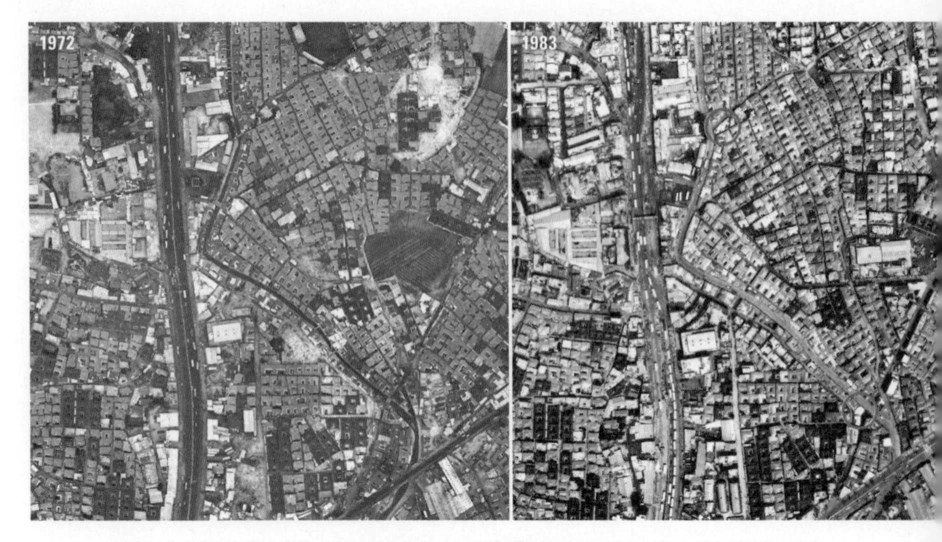

도봉로8길과 10길 일대 항공사진. 현재 도봉로10길은 월곡천이 흐르던 길로 1977년까지 남아 있었다.

른 집은 여전히 월곡천 복개 전과 다르지 않은 주택인 것을 보면 위치가 좋은 길목이었음이 분명하다. 월곡천이 복개된 도봉로10길을 따라 나란히 줄지어선 주택 맨앞에 홀로 3층 건물이 들어선 모습은 뱀의 머리 같아 보인다. 1988년 선구자처럼 재건축한 이 건물을 따라서 이후 20년간 주변의 단독주택도 다세대주택이나 소규모 상가 건물로 재건축을 한다. 문제는 2008년에 일어난다. 왕복 2차선이었던 도봉로10길이 3차선으로 확장된 것이다.

도로 확장은 뱀처럼 길게 늘어선 건물 쪽으로만 진행된다. 차선은 1차선 늘어나고, 보행자를 위한 인도가 생기면서 땅과 건물들은 3m 내지 4m 정도 잘려나갔다. 도봉로8길 58 건축물대장에는 이 과정이 빼곡하게 적혀 있다. 일부 철거 말소된 내용을 요약하면, 1층은 62.03㎡에서 11.99㎡로 줄었다. 2층은 74㎡에서 11.48㎡, 3층은 66㎡에서 19.48㎡, 지하층도 74㎡에서 22.72㎡로 줄어든다. 본래 건물 중

에서 25% 정도 남은 것이다. 처음 계단 위치를 알 수는 없지만, 지금 계단이 길에서 첫 단을 밟고 올라야 하는 것을 보면, 건물의 남은 부분을 어떻게든 사용해 보려고 안간힘을 쓴 것 같다. 하지만 안타까운 상황은 그치지 않고 계속된다. 지상 1층 천막파이프 약16㎡, 1층 무단 증축, 패널과 시멘트 블록 약 23㎡ 등의 내용으로 '위반건축물' 표기와 해제가 반복된다. 도로 확장으로 소유자의 의사와 무관하게 건물의 절반 이상이 잘려나갔으니, 관의 행정에 속상함도 컸을 것이다. 어떻게든 사용해보려고 조금씩 더한 구조물은 여지없이 행정의 철퇴를 맞고 철거해야 했다. 너무 많이 잘려나가 건물이 남아있지 않은 바로 옆 도봉로8길 54(미아동 860-42)는 건물 없이 활어수족관이 자리를 지키고 있다. 조금이라도

30
매화당
매화당
매화당
성인용품
성인용품 백화점

건물이 남은 것이 다행인지 불행인지 모르겠지만 도봉로8길 58 건축물대장에는 지금도 '위반 건축물' 표기가 남아있다.

어린 시절의 기억을 더듬으며 오랜만에 도봉로10길을 걸었다. 할아버지와 아버지의 발길을 느끼면서도 서울의 많은 장소가 한 세대를 넘기지 못하고 사라지는 모습을 보아왔던 터라 월곡천의 선형과 주변 골목이 그나마 흔적이라도 남아있는 것이 반갑다. 그리고 이 과정에서 상처받은 건물도 보았다. 다음 세대에는 어떻게 흘러갈지 알 수 없지만 오늘까지의 상황을 이렇게 기록해본다.

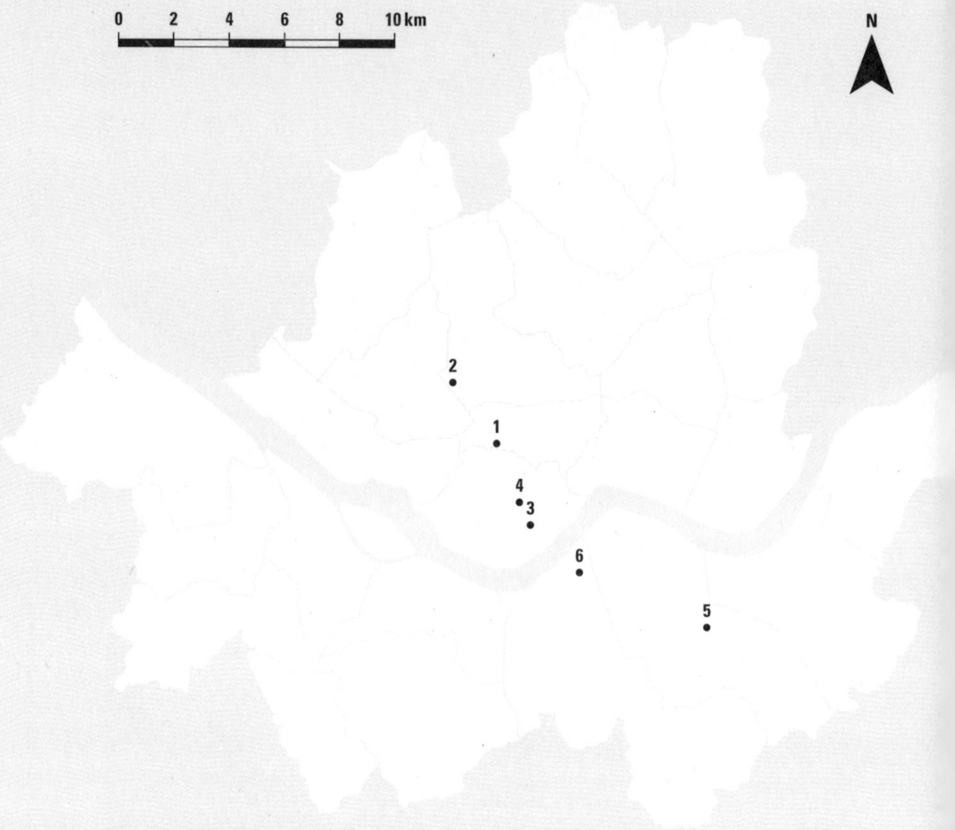

0 2 4 6 8 10 km

N

1
2
4
3
6
5

1 퇴계로 34(남창동 236-12)

2 통일로12길 108-2(행촌동 210-254)
인왕산로1가길 19-3(행촌동 171-171)

3 장문로 1(이태원동 34-105)

4 회나무로6길 20(이태원동 293-13)

5 영동대로 211(대치동 994-14)

6 신반포로45길 90(잠원동 17-9)
강남대로101안길 44(잠원동 10-35)
신반포로41길 11-7(잠원동 47-2)

큰 시설의
경계에 남은 땅

50년 전 협소주택

중구 퇴계로 34
(남창동 236-12)

남산은 서울의 랜드마크 가운데 하나이다. 남산 정상의 서울타워는 서울 홍보에서 빠지지 않을뿐더러 남산의 소나무는 애국가에도 등장한다. 요즘은 볼거리와 즐길거리가 너무 많아 고민이지만 얼마 전까지만 해도 한강 유람선을 타고, 63빌딩 전망대에 올라가 서울을 조망하고, 남산 케이블카를 타는 게 서울에서 꼭 해야 하는 필수 코스였다. 남산은 조선시대에도 빠지지 않는 유람지였다. 이렇게 친숙한 남산이지만 걸어서 남산을 오르는 길을 아는 사람은 드문 편이다. 서울에서 오래 살았다 하더라도 말이다. 나부터도 잘 몰랐다.

남산에 올라가는 방법으로 케이블카를 타거나 대중교통을 이용하는 방법이 있다. 혹시 걸어서 올라간다면 나는 숭례문에서 시작하는 것을 추천한다. 숭례문에서 소월로를 따라 퇴계로를 넘어가면 도동삼거리가 나온다. 길을 건너 백범광장과 안중근 의사 기념관을 지나서 한양도성 유적 전시관 뒤쪽의 남산공원길로 오르면 정상에 닿는다. 처음 이 길을 걷다 보면, 서울 도심에 우뚝 솟은 남산 중턱에 이렇게 넓은 장소가 있다는 것에 놀랄 수 있다. 백범 김구와 안중근 의사처럼 훌륭한 분들을 기념하는 장소라고는 하지만, 남산 중턱을 이렇게 개발해도 되는 것일까 싶다. 그뿐 아니다. 서울과학전시관 남산분관과 남산도서관도 있다. 접근성이 좋은 곳에 자리해야 할 공공시설인데 도심에서 가깝지만 차를 이용하지 않고 도보로 온다면 찾아오기 쉽지 않은 위치이다. 속이 상하면서 궁금증이 생긴다. 푸르른 숲이 있어야 할 자리에 누가 숲을 밀어버리고 이렇게 넓은 터를 만들었을까?

소월로와 퇴계로

남산 중턱의 이 자리에는 본래 조선 태조 이성계가 세운 제사시설

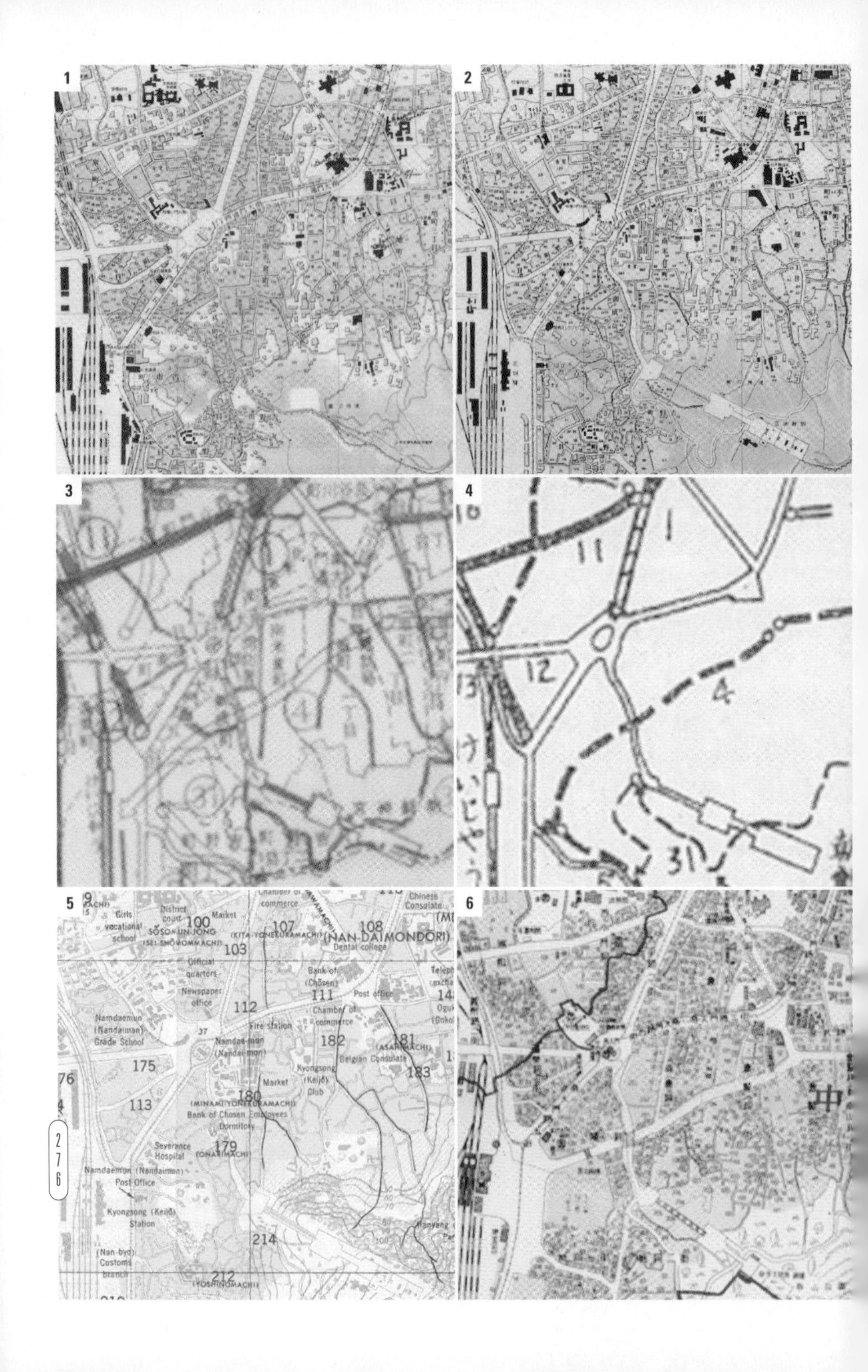
1
2
3
4
5
6
Girls vocational school
District court
100
Market
SŎSOMUN-JONG
(SEI-SHŌMOMMACHI)
103
107
(KITA-YONEKURAMACHI)
108
(NAN-DAIMONDORI)
Chinese Consulate
Dental college
Official quarters
Newspaper office
Bank of (Chōsen)
111
Post office
112
Chamber of commerce
Fire station
Namdaemun (Nandaiman) Grade School
37
Namdae-mun (Nandai-mon)
182
181
(ASAHIMACHI)
Belgian Consulate
183
175
Kyongsong (Keijō) Club
Market
180
113
(MINAMI-YONEKURAMACHI)
Bank of Chosen Employees Dormitory
Severance Hospital
179
(ONARIMACHI)
Namdaemun (Nandaimon) Post Office
Kyongsong (Keijō) Station
214
(Nan-byd) Customs branch
212
中

이 있었다. 태조 이성계와 무학대사 등의 위패를 봉안하고 국가의 안녕을 위해 제사를 지내던 국사당이 있던 곳이다. 지금은 인왕산 서쪽 무악동으로 옮겨 명맥을 잇고 있지만, 본래는 남산 중턱, 이 자리에 있었다. 일제는 경복궁 영역에 조선총독부 청사를 건설하면서 동시에 남산 중턱의 국사당 자리에 여의도 면적의 2배에 가까운 대규모 토목공사를 벌인다. 조선신궁을 짓는다는 목적이었다. 1925년 완성된 조선신궁은 위치와 규모 면에서 경성 어디서나 보이는 랜드마크가 되었다. 숭례문에서 남산으로 오르는 길은 바로 조선신궁을 건설하며 만든 길이었다.

1910년 제작된 〈경성시가도〉를 살펴보면 시청에서 숭례문을 지나 서울역까지 이어지는 지금의 세종대로가 보인다. 그리고 숭례문에서 한국은행 앞을 지나 종로1가 보신각으로 올라가는 지금의 남대문로도 보인다. 소월로는 이때까지 보이지 않고, 소월로 자리에는 남산 능선을 따라 올라가는 한양도성의 성곽이 아직 남아있다. 1933년 제작된 〈경성시가도〉에서는 새로운 건물과 길이 보인다. 성곽이 있던 자리에 남산으로 오르는 넓은 길이 생겼다. 이 길의 끝에서 남산의 중턱을 깎아 만든 조선신궁이 보인다. 조선신궁에 오르는 진입로는 폭이 넓다. 넓은 길을 만들면서 남창동과 회현동의 옛길은 잘리고, 옛 건물과 성곽은 철거되었을 것이다. 소월로는 이렇게 만들어졌다.

일제강점기 남창동에는

소월로와 퇴계로의 생성과 변화를 보여주는 지도들. 출처: 서울역사박물관

1 〈경성시가도〉, 1910
2 〈경성시가도〉, 1933
3 〈경성시가지계획평면도〉, 1936
4 〈경성시가지계획가로망도〉, 1938
5 〈Korea City Plans: Kyongsong or Seoul(Keijo)〉, U.S. Army Map Service, 1946
6 〈지번입서울특별시가지도〉, 1958

소월로와 남산의 조선신사 흔적이 선명하게 남아 있는 1958년 숭례문 일대 항공사진. 출처: 국가기록원

새로운 길이 하나 더 만들어진다. 일본인이 많이 거주했던 명동의 남쪽 그러니까 명동과 남산 사이를 지나는 이 길은 서울역에서 남창동과 회현동을 통과해 충무로로 이어진다. 지금의 퇴계로이다. 1936년 〈경성시가지계획평면도〉와 1938년 〈경성시가지계획가로망도〉에서 계획도로로 표시된 것을 확인할 수 있다. 1937년 당시에는 쇼와도리(昭和通)라고 불렸는데, 태평양 전쟁 말기에 미군의 공습을 대비하면서 서울역에서 지금의 회현역 구간이 너비 40m로 확장되었다. 1946년 지도에서 퇴계로가 등장하지 않는 것을 보면 광복이후 도로 모습을 갖췄을 것이다. 1958년 지도와 사진에서는 소월로 밑을 지나 동서로 관통하는 퇴계로가 분명하게 보인다. 동서로 이어지는 이 길은 성곽 위에 있는 소월로 보다 위치가 낮았다. 소월로와 교차되는 부분에서 석축을 쌓고 굴다리를 만들어 소월로 밑으로 지난다. 지금도 소월로 아래에서는 석축으로 벽을 쌓고 보행로와 차로 사이에 여러 개의 콘크리트 기둥을

퇴계로 34 건물은 소월로와 퇴계로가 서로 다른 높이에서 교차하는 지점에 자리한다. 1978년 항공사진

세우고 그 위에 보를 설치한 모습을 볼 수 있다.

퇴계로와 소월로에 걸쳐 있는 독특한 건물

퇴계로 34(남창동 236-12)는 남산의 조선신궁을 오르기 위해 만들어진 소월로와 태평양 전쟁 말기 미군의 폭격을 대비해서 폭을 넓힌 퇴계로가 교차하는 곳에 자리한 집이다. 남산 능선을 따라 위치가 높은 소월로와 그 소월로 아래를 지나는 퇴계로가 만나는 곳이니 퇴계로 34는 경사도가 매우 가파르다. 식민지 경성의 상징적인 시설인 조선신궁의 앞길을 만들 때 주변 민가의 피해를 얼마나 신경 썼을까? 이 땅도 가차 없이 잘려 나갔을 것이다. 전쟁 통에 폭격을 대비하며 도로를 넓히는 상황이니 그 공사 때문에 내 땅이 잘려 나간다고 어디에 민원이라도 넣을 수 있었을까? 아무 말 못 하고 북쪽도 잘려 나갔을 것이다. 흥미있는 땅으로 생각했는데 때마침 우대성 건축가의 제보도 있었다.

이 땅의 건축을 뜯어보자. 두 번의 큰 상처를 받고, 새로 만들어진 두 도로의 높이 차이는 너무 컸다. 그래서였을까? 퇴계로 34에는 한동안 이렇다 할 건물이 없었던 것 같다. 건축물대장에서 확인한 지금 있는 건물의 준공연도는 1973년이다. 그래도 꽤 오래된 건물이다. 겉으로 보기에는 5층 건물이지만, 법적 기준에서는 지하 1층에 지상 4층으로 구성된 건물이다. 한 개 층의 바닥면적이 32.84㎡이니 10평이 못 되는 좁은 건물이다. 1층부터 최상층까지 계단이 있는 일반적인 구조였다면 계단을 제외하고 사용할 수 있는 면적이 얼마 없었을 것이다. 쓸만한 면적이 확보되지 않는 건물은 지으나마 못 했다. 소월로와 퇴계로가 서로 다른 높이에서 교차할 만큼 경사가 급하고, 높이 차이가 큰 남산자락에 있는 것이 불행 중 다행이었다. 지하 1층은 퇴계로에서 직접 들어갈 수 있다. 건축물대장에서 지하 1층으로 기록된 것을 확인하지 않았다면 십중팔구 1층이라고 생각했을 것이다. 지하 1층은 6.82㎡이다. 32.84㎡인 1층에 비하면 20% 정도 작다. 지하 1층을 만들 때 남산 쪽 땅속에서 암반이 나왔거나 땅을 절개할수록 높아지는 옹벽의 높이를 감당하지 못했던 것 같다. 지하층은 6.82㎡ 정도에서 만족할 수밖에 없었나보다.

1층은 퇴계로에서 소월로로 오르는 계단의 중간 참에서 들어간다. 이 건물의 두 번째 출입구다. 2층은 1층과 연결되어 있다. 세 번째 출입구는 전혀 다른 곳에 있다. 두 번째 출입구인 계단참에서 남은 계단을 마저 오르면 소월로에 이르지만, 남창동 236-12번지와는 거리가 멀어져 버린다. 계단을 오르는 동안 남창동 236-15번지를 지나서 소월로 1길에 다다르기 때문이다. 남산은 가까워졌지만, 우리 건물과는 멀어진 것이다. 뒤를 돌아보면 퇴계로는 안 보이고 굴다리 위의 소월로가

소월로 쪽에 있는 세 번째 출입구

보인다. 3층으로 들어가는 세 번째 출입구는 굴다리 위 소월로에서 들어간다. 건물에서는 3층이지만, 퇴계로에서 바라보면 4층 높이에 해당하는 3층은 굴다리 위 소월로에서 작은 다리를 통해 들어간다. 이 작은 다리는 우리가 걸어 올라왔던 계단과 1층 출입구 위에 있다. 소월로에서 다리를 건너 들어가는 3층은 퇴계로에서 봤던 건물과는 전혀 다른 건물처럼 보인다. 소월로에서 퇴계로가 보이지 않기도 하지만, 소월로에서 다리를 건너 1층으로 들어가는 2층 건물처럼 보이기 때문이다.

일제강점기의 무자비한 토목공사였던 조선신궁 진입로 개통 공사 그리고 전쟁의 폭격을 대비하는 급박한 상황의 토목공사였던 퇴계로의 확폭 공사. 참담한 20세기 초반 서울의 두 도로공사에서 살아남은 퇴계로 34에는 소월로와 퇴계로에 접한 기묘하고 복잡한 입체적 위치 관계에서 건물이 들어서기 불리한 조건이었지만, 좁고 높은 건물이 세워졌다. 지하층에는 퇴계로에 면하는 작은 상점이 들어섰고, 퇴계로와 소월로 사이의 골목 계단에서 들어가는 1층과 2층 그리고 소월로에서 구름다리를 건너 들어가는 3층과 4층이 하나의 건물 안에 서로 다른 건물처럼 공존하고 있다. 남산의 지형과 새로 개통된 두 개의 도로가 만든 퇴계로 34의 특이한 대지 조건 때문인지, 서울에서 가장 독특하다고 할 수 있는 건물이 들어섰다. 2023년이면 이 건물이 준공된 지 50년이 된다.

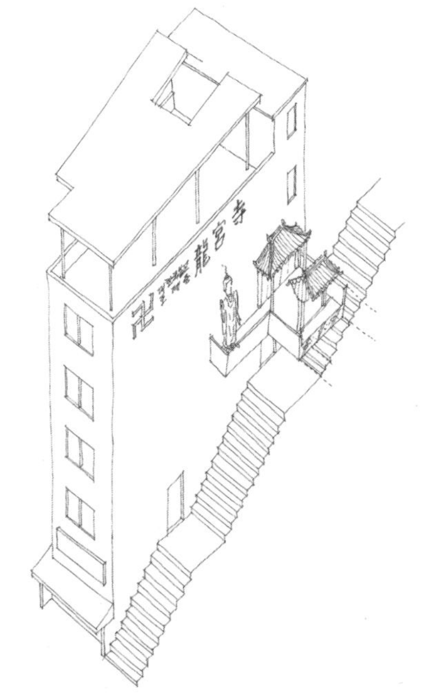

500년 은행나무는 무엇을 보았을까

종로구 통일로12길 108-2
(행촌동 210-254)

종로구 행촌동은 1914년 일제강점기 행정구역 개편 당시 은행동과 신촌동이 합쳐지면서 만들어진 지명이라고 한다. 은행동은 옛 권율 장군 집터에 있는 은행나무가 유명해 붙은 이름이다. 이 은행나무는 지금도 행촌동 터줏대감으로 자리 잡고 있는데, 1976년 서울시 보호수로 지정되었다. 지정 당시 수령을 약 420년 정도로 추정했으니, 임진왜란이 일어나기 전인 1550년대에 심은 나무다. 이 은행나무가 지켜보았던 행촌동 주변의 지난 500년간 모습은 어땠을까?

독립문과 서대문형무소

조선시대 이 지역의 모습은 보물인 〈경기감영도〉에서 엿볼 수 있다. 18세기 후반에 그려졌을 것으로 추정되는 〈경기감영도〉에는 서대문인 돈의문이 묘사되어 있고, 지금의 지하철 5호선 서대문역 북쪽에 자리한 서울적십자병원 일대에 있었던 경기감영이 자세히 표현되어 있다. 지금은 독립문 앞에 돌기둥만 남아있는 영은문의 모습도 그림 상단에 보인다. 돈의문 옆으로는 인왕산으로 이어지는 한양도성의 성곽도 보인다. 도성 밖이기는 하지만 크고 중요한 관청인 경기감영이 있고 개성과 평양 그리고 신의주를 거쳐 중국으로 이어지는 길이었으니 길 주변에는 꽤 큰 주거지가 형성되어 있었던 것 같다. 영은문과 성곽 사이에서 일련의 주거지가 보인다. 지금의 행촌동과 무악동, 교남동에 해당하는 곳이다. 조선시대 관문도시라 할 만한 모습이었을 것이다.

조선말 서재필을 중심으로 한 독립협회는 구미 열강에 조선은 독립국임을 선포한다는 의미로 독립문을 세운다. 1897년의 일이다. 같은 해 고종은 대한제국을 선포하고 황제에 오른다. 독립문은 세워진 위치가 매우 중요한 문이다. 독립문은 명나라나 청나라의 사신을 맞이하

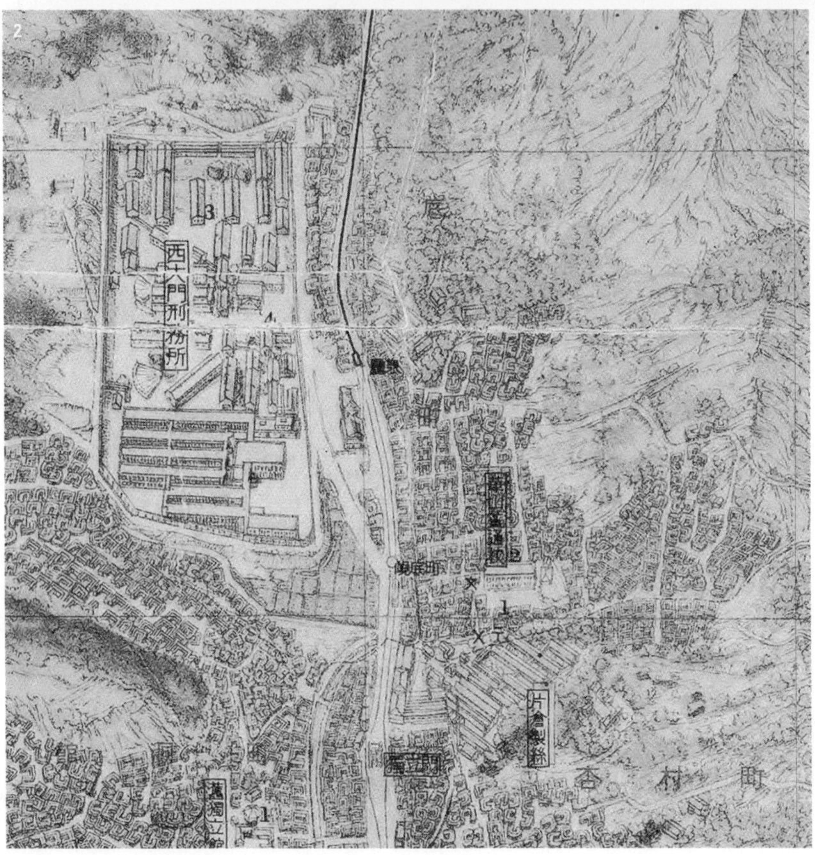

1 조선시대 행촌동 일대 모습을 알 수 있는 〈경기감영도〉, 18세기. 출처: 삼성미술관 리움

2 〈대경성부대관〉(1936)에서 서대문형무소와 주변 현황을 확인할 수 있다.
출처: 서울역사박물관

1 독립문. 출처: 서울역사박물관, 《돈의문 밖, 성벽 아랫마을: 역사·공간·주거》, 2009

2 유현목 감독의 영화 〈그대와 영원히〉(1958)에서 보이는 행촌동 일대

는 영은문 앞에 세웠는데, 조선과 명나라, 조선과 청나라를 잇는 중요한 길목에서 사신을 맞이하는 영은문 앞에 세운 것이다. 청나라와 관계에 선을 긋는 것으로 당시로서는 상징적인 의미가 매우 컸을 것이다. 하지만 독립협회와 대한제국의 꿈은 길게 이어지지 못하고 1905년 을사늑약으로 무너졌다. 그리고 일제는 의병 탄압을 목적으로 1907년 독립문 옆에 서대문형무소를 건설했다. 많은 독립열사가 수감되거나 이곳에서 생을 마감하셨다. 당시 모습은 1936년에 발간된 〈대경성부대관〉에서 살펴볼 수 있다. 서대문형무소가 높은 담장 안에 있고, 독립문과 독립문 양쪽으로 지나는 전차 노선도 보인다. 서재필의 독립협회가 사용하던 독립관은 구 독립관이라고 표시되어 있다. 독립문과 구 독립관 사이에는 하천이 보이는데, 인왕산에서 내려와 서울역과 용산역을 지나 한강으로 흐르던 만초천이다. 이 만초천은 복개되었고 그 위에 영천시장이 자리하고 있다.

광복 다음 해인 1946년에 개봉한 흑백영화 〈자유만세〉에 행촌동의 모습이 등장한다. 한국영상자료원의 유튜브 채널인 "한국고전영화(Korean Classic Film)"에서 제공하는 이 영화의 13분쯤 장면에서 등장인

1987년 서대문형무소에서 운영되던 서울구치소 이전, 1992년 서대문 독립공원 개원, 2000년부터 대규모 아파트단지가 들어서는 등 행촌동 일대에서는 대규모 공사가 끊임없이 벌어졌다.

물이 자전거를 타고 경사가 급한 길을 내려오는 모습이 나온다. 뒤로 한양도성의 성곽도 보인다. 산의 능선은 인왕산이다. 지금도 행촌동에서 인왕산 성곽 쪽으로 올라 무악동 쪽을 바라보면, 이 영화에 담긴 인왕산의 능선을 확인할 수 있다. 이 장면에 이어 등장인물이 자전거를 타고 내려가는데 길 옆 경사지에 빼곡히 자리한 도심형 한옥이 보인다. 또 다른 영화인 1958년 작 〈그대와 영원히〉의 도입부는 서대문형무소 정문에서 행촌동 지역을 바라본 모습이 나온다. 멀리 보이는 능선은 인왕산에서 돈의문으로 성곽이 이어지는 능선이다. 능선 아래 경사로에는 1층 내지 2층 규모의 도시형 한옥이 빼곡하다. 독립문이 있던 의주로(통일로)도 보인다. 이 두 영화에서 광복 이후 1960년대까지 행촌동 주변의 모습을 짐작해 볼 수 있다.

1967년 행촌동과 교남동 사이, 인왕산과 한양도성 아래로 사직터널이 개통된다. 1979년에는 의주로(통일로) 건너편에 금화터널이 개통

되고, 사직터널과 금화터널을 잇는 현저고가(독립문고가)가 개통한다. 현저고가가 독립문 위를 지나면서 독립문을 지금의 자리로 옮기게 되었다. 고가도로를 만들면서 독립문을 옮겼다니 지금이라면 상상하기 힘든 일이다. 자동차는 도심에서 율곡로와 사직로를 통해 서쪽으로 빠져나가는 간선도로를 얻고, 독립문은 그렇게 자기 자리를 잃었다. 1979년의 일이다. 1985년에는 지하철 3호선의 '구파발-양재' 구간이 개통하면서 행촌동 앞에 독립문역이 생긴다. 그리고 서대문형무소에서 운영되던 서울구치소가 1987년 의왕시로 이전한다. 서대문형무소는 철거가 예정되었으나 문화재청이 1988년 국가사적으로 지정하면서 아픈 역사도 기록하고 후대에 전할 수 있게 되었다. 1992년에는 서대문 독립공원으로 개원하고, 1998년에 서대문형무소 역사관이 개관한다. 1960년대부터 1990년대까지 터널과 도로, 고가도로, 지하철 등 대규모 토목공사가 진행되었고, 그 사이 서울구치소로 사용되던 서대문형무소는 공원과 역사관으로서 모습을 갖추었다. 이제 좀 살 만해졌을까?

구치소가 이전하자 도심에서 가깝고, 교통이 편리한 이곳은 대규모 재개발이 시작된다. 2000년 무악현대아파트단지가 들어서고, 2008년 인왕산아이파크1차, 2015년 인왕산아이파크2차단지가 들어선다. 사직터널 건너 교남동은 2017년부터 경희궁자이아파트가 1단지부터 3단지까지 들어선다. 2000년 이후 무악동과 교남동에 들어선 아파트단지 사이에 행촌동이 자리하고 있다. 이것저것 따져보니 행촌동 일대에서는 100년간 대규모 공사가 계속 이어졌다.

15평 규모의 이층집

행촌동 가장 위쪽에는 행촌동 주변의 이런 변화에 직·간접적으로 상처받고 잘려 나간 작은 필지가 있다. 통일로12길 108-2(행촌동 210-254)이다. 뒤로 인왕산 기슭과 한양도성의 성곽이 병풍처럼 두르고 있는 이 땅은 복잡한 형태의 지적이 엉켜있다. 인왕산 기슭의 큰 임야였을 것인데, 사람들의 거주공간이 위로 위로 올라오면서 이 땅도 작은 땅으로 쪼개져 어찌어찌 자리를 잡았을 것이다. 자동차가 생기고 차가 진입할 수 있는 도로가 생기면서 어렵게 자리 잡은 땅이 잘려 나갔다. 210-254번지가 처음 만들어졌을 때 나란히 있었던 이웃은 210-255번지였다. 지금은 도로를 사이에 두고 떨어져 있지만 이들이 처음 생겼을 때는 붙어 있었을 것이다. 이들은 본래 모

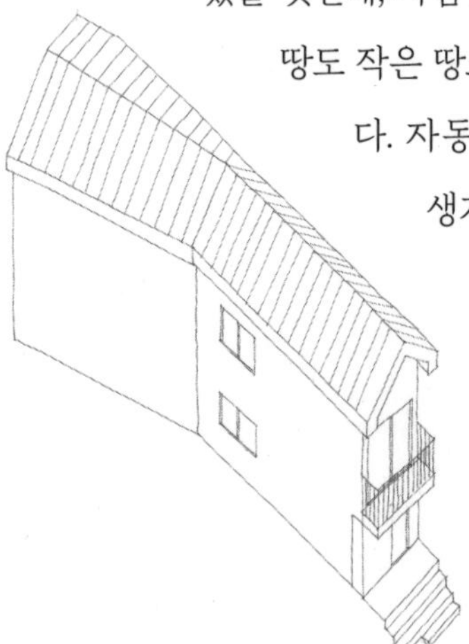

두 같은 하나의 땅, 행촌동 210번지였다. 아마도 사람이 많이 살기 위해 여러 채의 집을 지을 수 있도록 적당한 크기의 수백 개 필지로 나누었을 것이다. 그중에서 254번째와 255번째 땅은 나란히 자리하며 번지수로 210-254와 210-255를 부여받았다. 당시에는 각각 번듯한 집이 있었을지도 모르겠다. 그런데 210-254번지와 210-255번지 사이에 210-815(도) 번지와 210-812(도) 번지가 둘을 갈라놓았다. 아마도 도로를 만든다는 이유로 812번째와 815번째로 땅을 나누면서 210-254와 210-255 사이를 비집고 들어온 것 같다. 계획대로라면, 뒤쪽으로 순환하는 도로가 만들어져야 하는데, 결국 도로는 연결되지 않았고, 210-254번지에 상처만 남겼다. 210-254번지는 55.5㎡가 남았다. 그것도 기형적인 모양으로.

행촌동 210-254번지에 신축 건물이 들어선 것은 2005년이다. 앞에는 아파트단지가 들어섰고, 뒤로는 인왕산의 완충녹지가 조성되면

108-2

서 210-254번지를 잘라버린 도로는 계획대로 완성되지도 않고 상처만 남겼다. 사이에 끼어 있는 55.5㎡의 이 땅에 1층 바닥면적 24.49㎡, 2층 바닥면적 25.39㎡의 단독주택이 있다. 1층과 2층의 면적을 합하면 49.88㎡이다. 단독주택의 경우 주차대수 1대를 확보해야 하는 50㎡에 0.02㎡ 못 미친다. 법으로 주차대수를 확보하지 않아도 되는 규모 중에서 최대한의 규모를 확보했다. 건물의 모양은 기형적인 땅의 형태를 따랐다. 입구는 좁아 현관문보다 조금 넓은 정도다. 안쪽으로 들어가며 조금씩 넓어지긴 하지만 여전히 좁다. 게다가 중간에 한번 꺾인다. 집을 지을 수 있는 폭이 여유 없다 보니 두꺼운 콘크리트 구조보다는 철골구조가 유리했을 것이다. 건축물대장에는 경량철골구조로 기록되어 있다. 사각형의 금속파이프로 구조를 세우고, EPS 복합패널을 붙여 마무리했을 것이다. 이 집은 2005년 9월 허가, 10월 착공, 11월 준공까지 2개월 만에 일사천리로 마무리되었다.

행촌동의 가장 깊은 곳

통일로12길 108-2가 재개발 지역과 접하는 접점이라면, 옛 모습이 남아있는 행촌동의 가장 깊은 곳은 어디일까? 어디까지나 나의 주관적인 판단이지만, 인왕산로1가길 19-3(행촌동 171-171번지)이라고 생각한다. 가본 사람이라면 이곳이 행촌동의 가장 깊은 곳이라는 내 생각에 어느 정도 동의할 것이다. 인왕산로1가길 19-3은 길눈이 밝은 사람도 찾기가 쉽지 않다. 서촌과 주변의 골목을 쉼 없이 답사하는 서촌주거연구회 장민수 회장

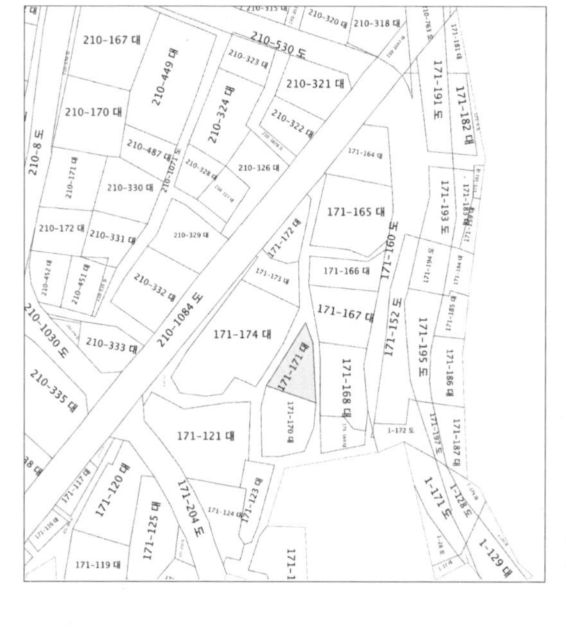

인왕산로1가길 19-3(행촌동 171-171)은 행촌동 가장 깊은 곳에 있다고 해도 과언은 아닐 것이다. 인왕산로1가길 19-3 일대 지적도등본

의 제보가 없었다면 내가 이 건물을 만날 일은 영영 없었을지도 모른다. 한양도성에서 떨어진 거리가 지척이라 성곽에서 내려다보면 이 건물의 지붕이 손에 잡힐 듯하지만, 이 건물을 찾아가려면 골목을 한참 헤매야 한다. 인왕산로1가길과 사직로1나길 사이에 있는 이 건물은 사직로1다길에서 2명이 나란히 걷기 어려울 정도로 좁은 옛골목을 찾아 들어가야 만날 수 있다. 성곽마을답게 경사진 골목은 인왕산로1가길 19-3 앞에서 위아래로 갈라진다. 위쪽으로는 부채를 펼쳐놓은 듯한 계단을 오르는 골목이고 아래쪽은 건물이 세워진 낮은 축대를 끼고 도는 좁은 골목이다. 여기에 물을 가르는 뱃머리처럼 생긴 벽돌 건물이 날을 세우고 골목을 지키고 있다.

2000년 무악동에서 시작된 재개발이 교남동의 '경희궁자이3단지'까지 마무리된 2017년, 이 집을 포함한 행촌동 일대는 '행촌권 성곽마을 주거환경관리사업구역'으로 지정되었다. 국가지정 문화재인 '서울 한양도성'에 면한 9개 권역 22개 성곽마을 중 하나로 주민 참여를 기반으로 지속 가능한 마을로의 보전관리를 도모한다는 취지다.

지난 100년 동안 행촌동 주변의 변화를 묵묵히 바라보았던 은행나무는 무슨 생각을 할까? 그리고 앞으로 100년은 어떤 모습을 보게 될까?

냉전의 흔적을 스쳐지나간 녹사평대로, 그리고 남은 조각

용산구 장문로 1
(이태원동 34-105)

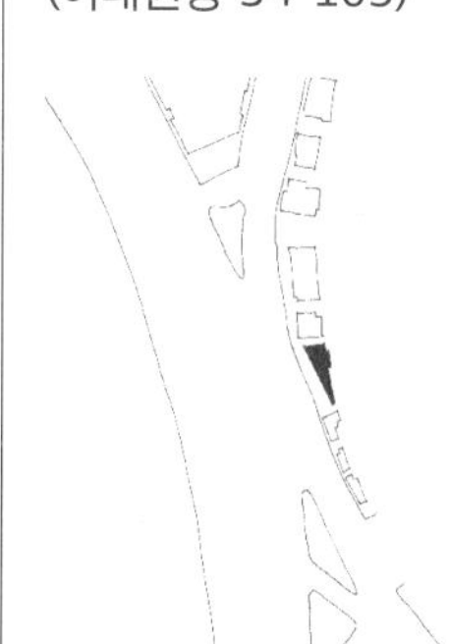

날이 좋으면 접이식 자전거를 차에 싣고 한강으로 향하곤 한다. 종로에서 출발해 남산3호터널을 지나 녹사평대로를 따라 반포대교 방면으로 향하면서 자전거를 타고 나서 편의점에서 후루룩 라면 먹을 생각을 하면 세상 즐거울 수가 없다. 그러다가 이태원지하차도를 막 지나고 빨간 정지신호에 잠시 멈추었을 때 눈에 들어오는 건물이 있었다. 조각 케이크처럼 얇게 생긴 이 건물 3층에는 커다란 창이 있고, 창 너머로 푸른 나무가 보였다. 그리고 창에는 커다란 오토바이가 푸른 나무를 배경으로 그 자태를 뽐내고 있었다. 얇은 건물, 건물을 관통하는 큰 창 그리고 오토바이와 푸른 나무. 낯설고 신기한 이 조합에 신호가 바뀐 줄도 모르고 넋을 놓고 있다가 뒤차의 경적에 정신이 들었다. 한강에서 자전거를 타면서도 라면을 먹으면서도 이 건물에 대한 궁금증이 머릿속을 맴돌았다. 이태원동 34-105번지(장문로 1)의 건물은 어떤 사연이 있을까?

유엔사령부 자리

이야기는 70여 년 전인 지난 20세기 중반으로 거슬러 올라간다. 일제강점기를 벗어난 대한민국은 1950년 비극적인 한국전쟁을 직면했다. 국제사회는 대한민국을 지원할 목적으로 미국을 중심으로 한 다국적 연합군을 구성했다. 이것이 유엔군사령부(United Nations Command, UNC), 즉 유엔사의 시작이다. 1950년 7월 미국의 맥아더 장군을 초대 사령관으로 일본 도쿄에서 출범한 유엔사는 한국전쟁 당시에는 한국을 제외하고 총 22개국으로 구성되었다. 1953년 정전 당시 병력 규모는 93만 명을 넘었다. 근래의 대한민국 국군 상비군의 규모가 50만 명 정도인 것과 비교해보면, 적잖은 규모였음을 짐작할 수 있다.

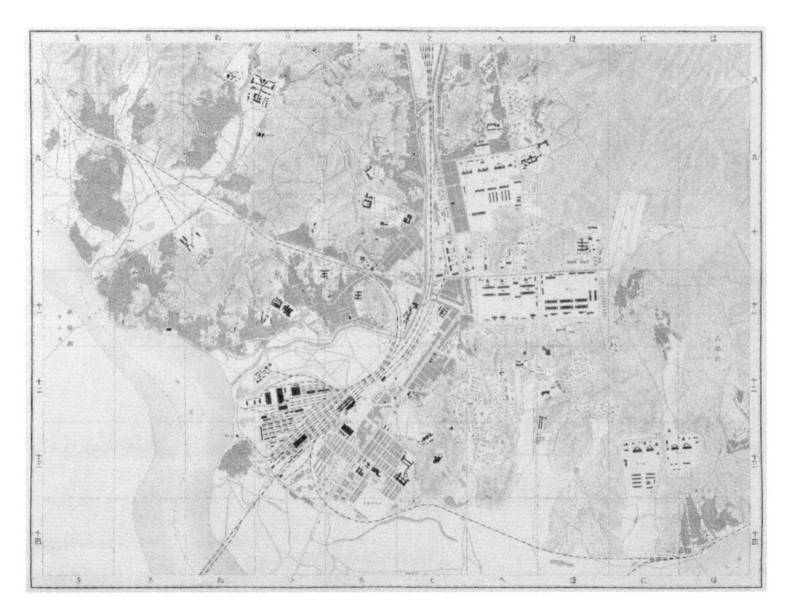

일본군 병영지와 용산역 주변 철도기지 등을 자세히 기록한 〈용산시가지도〉, 1927.
일본군의 병영지는 해방 후 미군의 메인포스트로 사용되었다. 출처: 서울역사박물관

정전 후에도 일본에 사령부를 두고 있던 유엔사는 1957년 7월 한국으로 사령부를 옮긴다. 축구장 7개 정도의 크기, 약 5만㎡ 규모의 유엔사 부지는 이태원동 34-105번지와 붙은 이태원동 22-34번지 일대였다.

유엔사가 있었던 이태원동 22-34번지는 남산의 남쪽 자락이다. 이곳은 조선시대 한양도성 밖 성저십리에 속한 지역이었지만, 동대문과 남대문 지역과는 달리 외지고 인적이 드문 남산자락이었다. 1861년 제작된 〈경조오부도〉를 살펴보면 남산의 남쪽에는 한강에서 얼음을 채취해 보관하던 서빙고나 보강리, 한강진, 두모포, 수철리 같은 마을이 한강변에 있는 정도였다. 일제강점기인 1927년에 제작한 〈용산시가지도〉를 살펴보면 용산에서 남산의 남쪽 자락을 둘러서 버티고개와 약

이태원에는 미군과 유엔사령부 주둔지가 있었다. 1969년 항공사진

수동을 거쳐 지금의 신당역 사거리로 이어지는 계획도로가 눈에 띈다. 이 계획도로에서 한강 쪽으로 갈라지는 계획도로가 서빙고까지 이어져 있다. 이 계획도로가 지금의 녹사평대로 위치다. 군대가 주둔했던 병영지도 보이는데 한국전쟁 이후 이 병영지는 미군의 캠프 서빙고로 사용된다. 이때까지만 하더라도 당시 서빙고와 이태원 지역은 아직 한적한 남산자락이었을 것이다.

용산의 메인포스트와 사우스포스트에 미군이 주둔하고, 이태원동 22-34번지 일대에 1957년 유엔사령부가 자리 잡으면서 두 주둔지가 만나는 이태원 일대는 미군과 외국인을 상대하는 상권이 형성된다. 현재 녹사평역에서 이태원역을 지나 한강진역까지 동서 방향으로 이어지는 이태원로다.

우여곡절 많은 이태원동 34-105

이태원동 34-105번지는 유엔사 부지의 남서쪽 경계에 붙어서 나열해 있는 여러 개의 필지 가운데 하나다. 다른 필지에는 적절한 크기와 적절한 모양새를 갖추어 일반적인 건물이 세워져 있다. 어쩌다가 이태원동 34-105번지만 좁고 뾰족한 이형이 된 걸까? 실마리는 1970년대 중반에 있었던 이 지역의 대대적인 도로공사에서 찾을 수 있다. 한강변의 한적한 동네였던 서빙고 지역은 남쪽으로 잠수교가 개통되면서 한강을 건너 강남지역으로 이어졌다. 북쪽으로는 남산3호터널이 남산을 뚫고 번화한 도심 종로로 이어졌다. 남산3호터널과 잠수교를 잇는 녹사평대로가 생기면서 이태원동 34-105번지가 잘려 나간 것이다.

이태원동 34-105번지 앞은 이태원동과 용산동4가, 동빙고동 이렇게 세 개의 동 경계가 만나는 곳이다. 처음 도로로 분할된 것은 이태원동 쪽이었다. 이태원동 경계와 나란하게 일정 간격으로 필지를 잘라내어 직선의 도로로 토지 분할이 되었다. 이태원동 34-105번지 바로 앞의 이태원동 34-71번지가 도로 모양으로 반듯하게 잘려 1971년 도로로 지목이 변경되었다. 이렇게 이태원 상권으로 올라가는 옛 도로가 먼저 번듯한 도로의 모양새를 갖춘다. 지금의 녹사평대로26길이다.

몇 년이 지나 1976년 잠수교가 개통하자 한강에서 남산으로 오르는 지금의 녹사평대로가 지적도에 나타난다. 이태원동 쪽에서는 1968년부터 분할되어 있던 34-109번지와 34-110번지 등의 토지가 1975년 서울시로 소유권이 이전된다. 같은 해 미군이 주둔한 용산동4가 사우스 포스트의 동쪽 경계도 분할되어 도로로 편입되는데, 용산동4가 19-6번지와 19-2번지가 같은 해인 1975년 분할되고 서울시에 소유권 이전되어 도로로 지목 변경되었다. 동빙고동 7-38번지도

1978년 남산3호터널이 완공된다. 출처: 서울사진아카이브

1975년에 분할되어 소유권 이전과 도로로 지목 변경되었다. 잠수교가 계획되고 개통되던 1971년부터 1975년 사이에 이 독특한 형태의 이태원동 34-105번지가 형성되고, 그 앞에는 너른 신규 도로가 생긴 것이다. 이 도로는 남산으로 향하는데, 이듬해인 1976년 남산3호터널과 이태원지하차도 공사가 차례로 착공된다. 2년의 공사를 거쳐 남산3호터널과 이태원지하차도는 역시 같은 해인 1978년 완공된다. 내가 한강에 자전거를 타러 다니는 이 경로, 그러니까 종로에서 남산 아래를 지나 한강을 건너 강남에 이르는 길이 1978년에 완성된 것이다. 이후 1980년에 착공한 반포대교가 1982년 완공되면서 지금과 같은 모습이 갖춰지게 된다.

이태원동 34-105번지는 입지가 난처했다. 동쪽으로는 유엔사가 자리하고 있어 움직일 수 없고, 서쪽으로는 1970년대 대대적인 토목

1978년 이태원 지하차도가 개통된다. 출처: 서울사진아카이브

공사로 녹사평대로가 만들어지면서 잘려 나간 이태원동 34-105번지에는 1989년이 되어서야 건물이 들어섰다. 대로변이기는 하지만 구시가지와 강남을 오가는 통과도로였으니 건물 주변에 유동 인구가 많지 않았던 것일까? 건축물대장을 살펴보니, 2005년, 2007년, 2012년, 2013년, 2015년과 2016년까지 주택에서 일반음식점, 사무소까지 빈번하게 용도가 변경되었다. 그러는 사이 용산기지의 미군과 유엔사령부는 평택의 캠프 험프리로 이전을 하게 된다. 삼엄한 경계와 높은 담이 있던 유엔사령부가 떠난 곳은 푸른 나무와 넓은 빈터만 남게 되었다.

우여곡절이 많고 적절한 용도를 찾지 못하던 이태원동 34-105번지의 건축물은 지어진 지 30년 만인 2019년, 드디어 환골탈퇴하게 된다. 건물 전체를 철판과 에폭시로 구조보강하고 새롭게 거듭났다. 이 얇고 독특한 건축물은 2층, 3층, 4층에 얇은 건물을 관통하는 창문이

Indian
MOTORCYCLE
SEO
MOTO

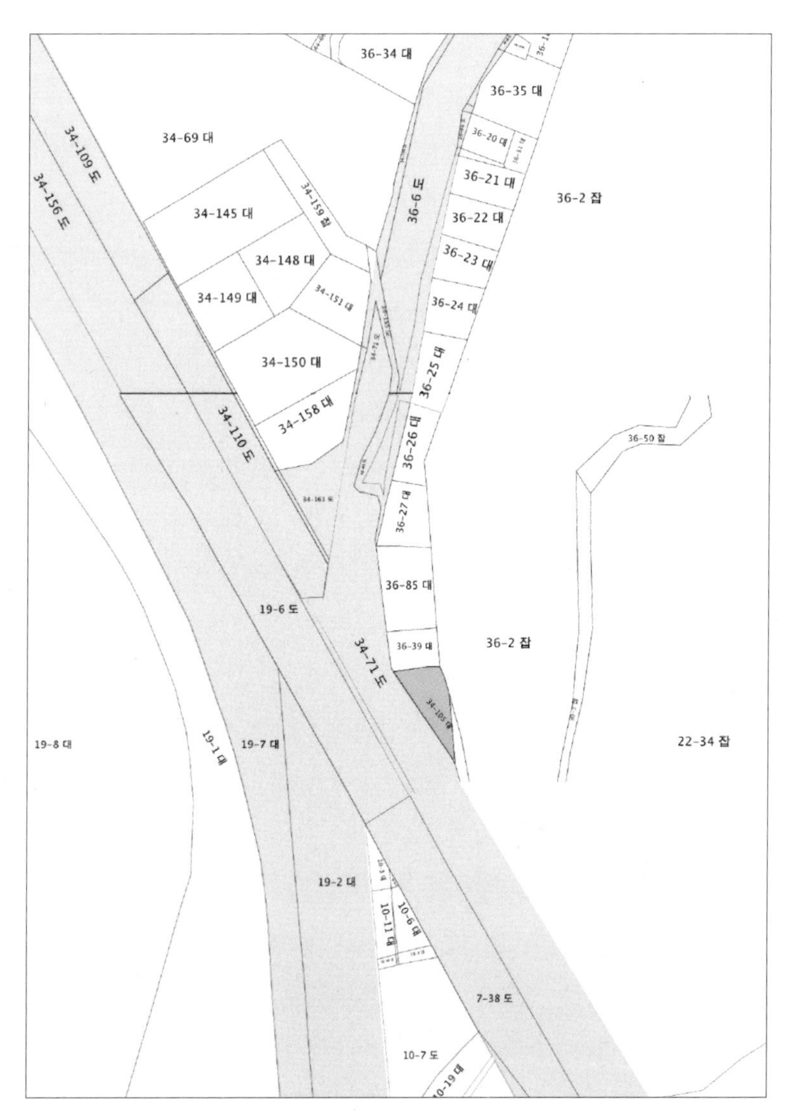

이태원동 34-105번지 일대 지적도. 1971년에 이태원동 34-71번지가 도로로 지목이 바뀌고 1975년에 이태원동 34-109번지와 이태원동 34-110번지, 용산동4가 19-6번지와 19-2번지, 동빙고동 7-38번지의 지목이 도로로 변경되었다.

생긴다. 녹사평대로에서 보면 건물을 뚫고 유엔사 부지의 나무와 하늘이 보인다. 구멍이 숭숭숭 뚫린 모양새다. 이 창문에 커다란 오토바이들이 마치 액자에 끼워진 멋진 사진처럼 전시되어 있다. 대지의 특징이나 독특한 조건을 찾아내지 못했다면 쓸모없이 버려졌을 30년된 이상한 형태의 건축물이 지금의 'Indian motorcycle'이 들어서면서 녹사평대로에서 가장 인상적이고 독특한 모습으로 되살아난 것이다.

유엔사 부지는 지금 텅 빈 나대지로 남아있다. 미군기지 이전 사업의 시작으로 유엔사가 있었던 이태원동 22-34번지 일대가 매각에 들어갔다. 축구장 7개가 들어갈 정도 규모인 이 땅은 2017년 민간 부동산개발회사에 1조 552억 원에 팔렸다. 지금은 유엔사가 사용하던 건축물이 모두 철거되었고, 몇 년 사이 나무가 우거져 제법 울창한 모습을 이루고 있다. 녹사평대로에서 신호 대기로 멈춰섰던 내가 이 얇은 건물을 관통하는 창 너머로 푸른 숲을 바라보는 호사를 누릴 수 있었던 것은 큰 행운이었다. 조만간 이 땅에는 건폐율 60%, 용적률 600% 규모로 최대 23층 정도의 아파트단지가 들어설 예정이다. 그래서 이전 100년과 앞으로의 100년 기간을 통틀어 오직 몇 년 동안만 볼 수 있는 모습을 눈에 담고 즐겼던 것이다.

길 건너 버스정류장의 벤치는 이 건물의 독특한 입지 조건과 건물을 관통하는 창을 볼 수 있는 명당이다. 유엔사 부지에 어떻게 아파트단지가 계획되고 어떤 모습으로 지어질지 알 수는 없지만, 이 개성 있는 건축물의 특이한 모습이 오래도록 유지되기를 바란다.

경리단에 기대서서

용산구 회나무로6길 20
(이태원동 293-13)

사람이 몰리는 거리에 비슷한 이름이 붙기 시작했다. 망원동에 망리단길, 잠실에는 송리단길이 있고, 수원에는 행리단길이 있다. 수도권만이 아니다. 인천의 평리단길, 광주의 동리단길, 경주에는 황리단길이 있다. 여러 개가 있는 도시도 있다. 부산에는 해리단길, 전리단길, 망미단길이 있고 전주에도 행리단길, 객리단길과 홍리단길이 있다. 무슨 연유로 전국에 'ㅇ리단길'이 이리도 많은 것일까?

경리단길

원조는 이태원의 경리단길이다. 이곳은 미군기지와 가깝고 외국인 거주자가 많은 지역이다. 외국인 관광객도 많아 외국인의 취향에 맞는 이국적이고 개성 있는 가게와 음식점, 카페가 밀집해 있었다. 2014년

경리단길과 옛 경리단(현 국군재정관리단) 정문

무렵부터 각종 매체에서 이곳의 상점을 소개하며 유명세가 따르기 시작했는데, 그 중심에 있는 길이 바로 경리단길이었다. 경리단길은 상권으로서 입지가 그다지 좋지 않았다. 대중교통이나 접근성도 좋지 않고, 커다랗고 번듯한 건물이 있는 것도 아니다. 길이 넓고 이용이 편한 대규모 상업시설이나 프렌차이즈 상점이 입점해 있지도 않다. 오히려 현대적인 도시에서 작은 섬처럼 예스럽고, 독특한 경리단길의 이국적인 분위기에 모던하고 현대적인 상업공간에 질린 20~30대가 약간의 불편함을 무릅쓰고 몰려든 것이다. 경리단길의 성공을 비슷한 조건과 분위기를 갖고 있는 지역들이 흉내내기 시작했다. 한두 곳이 아니고 한두 도시가 아니었다. 그야말로 'ㅇ리단길 신드롬'이다. 전국 방방곡곡 웬만한 지역에 가면 'ㅇ리단길' 하나는 있을 정도다.

경리단길에 가보지 못한 사람은 있을 수 있지만, 들어보지 못한 사람은 없을 정도로 유명해졌다. 그런데 경리단길은 왜 경리단길일까? 너무 유명하고 비슷한 이름으로 확대대고 있지만, 정작 경리단길은 이곳의 정식 길 이름이 아니다. 경리단길은 '회나무로'라는 도로명이 있다. 예전에 이곳은 큰 회나무가 서 있던 벌판이었고, 이곳을 '회나무께'라고 불렀던 데서 유래되었다고 한다. 그런데 '회나무로'라는 정식 이름이 있는 길이 어쩌다가 경리단길이라는 이름으로 불리고 있을까?

이름의 기원이나 용어의 출처에 관한 호기심이 발동했을 때 처음에는 사직단이나 행단 같은 '단(壇)'을 떠올렸다. 농경 신을 모시는 제단인 사직단은 농경사회에서 매우 중요한 장소였다. 조선시대 전국에 설치되었고 경복궁 서쪽 인왕산 자락에 있는 사직단은 왕이 직접 제를 올리던 곳이다. 주요한 도시마다 사직단이 있었기에 지금도 산청군 사직단로, 영천시 사직단길, 태안군 사직단길 등이 도로명으로 이어지고 있다. 행단은 유학교육장 또는 교육시설을 말하는데, 공자께서 제자들과 은행나무 아래에서 학문을 가르치고 논했던 것에서 유래한다. 유학을 국가의 틀로 삼은 조선시대에는 사직단과 마찬가지로 유교를 가르치는 향교가 전국에 설치되었는데 그 앞길을 행단길이라 부른다. 이렇게 사직단, 행단 같은 장소와 그 앞을 지나는 사직단길, 행단길 같은 길 이름 때문에 경리단길도 무슨 단이 있었던 것은 아닐까 하고 추측했다.

국군재정관리단

하지만 나의 추측은 선입견이자 큰 오해였다. 어쭙잖은 나의 오해는 경차보다도 폭이 좁은 건물을 경리단길 근처에서 발견하면서 금세 풀렸다. 회나무로6길 20(이태원동 293-13)은 동쪽으로 좁은 일방통행 길과 서쪽 높은 담장 사이에 있는 2~3m 폭의 좁고 긴 땅이다. 길은 특이할 만한 점이 없는데, 반대쪽 높은 담장 위에는 보기만 해도 살벌한 철조망이 촘촘하게 올려져 있어 눈길을 끌었다. 철조망 너머에는 무엇이 있을까? 바라보기만 해도 무서운 철조망을 날카롭게 드러내고 있는 높은 담장이 길게 이어지며 큰 규모의 시설을 감추고 있었다. 담장 너머 시설이 들어서면서 회나무로6길 20이 기형적으로 좁고 긴 모습이 되었음이 분명했다. 이 높은 담장 너머에는 무엇이 있을까?

온라인 지도를 열고 긴 담장을 따라 한참을 내려가서야 담장 너머에 있던 이 시설의 출입구를 찾을 수 있었다. '국군재정관리단'이었다. '국군재정관리단'이 어떤 곳인지 확인해보니 군인과 군무원의 급여를 지급하고, 군에서 필요한 물품이나 공사 또는 용역을 계약하는 등 군의 재정관리 업무를 통합적으로 수행하는 곳이었다. 2022년 대통령

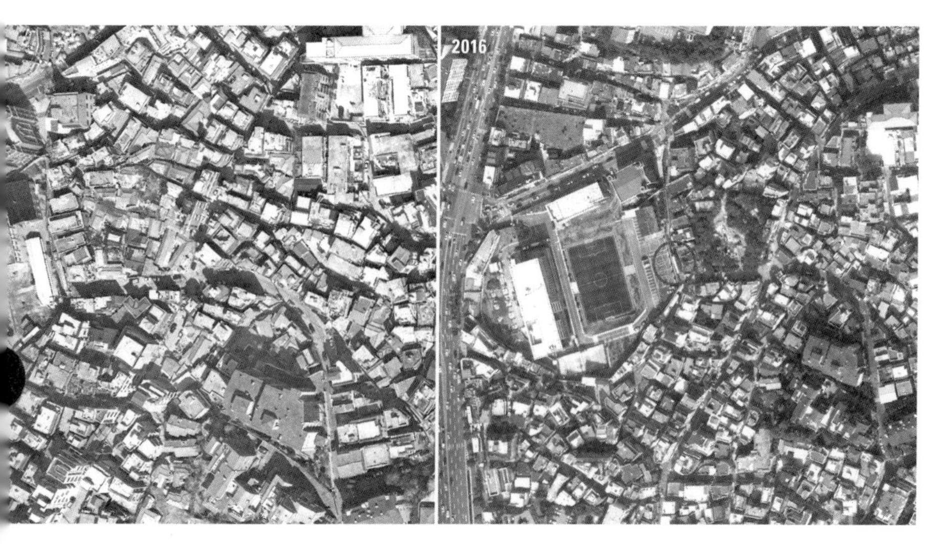

남산자락의 경사지를 크게 절토하고 만들어진 높은 절벽 위에 높은 담장을 두르고
국군재정관리단이 들어서면서 일대의 모습도 바뀌었다.

집무실로 바뀐 옛 국방부 건물이 있는 용산구 이태원로 22와는 불과 1km 남짓 거리이다. 회나무로6길 20의 얇고 긴 필지 형태가 언제 어떻게 만들어졌을지 궁금했기에 담장을 마주하고 있는 국군재정관리단의 연혁과 이곳에 자리잡은 시기를 확인해야 했다.

국군재정관리단은 2012년에 창설되었다. 생각보다 최근이다. 그렇다면 그 전신이 궁금해진다. 국군재정관리단은 이전까지 육군, 공군, 해군이 각각 운영하던 재정관리기구를 하나의 기구로 통합해 운영의 효율을 높여 인원과 비용을 절감하려는 취지로 3개 기구를 병합 창설한 기구이다. 여기서 경리단길의 유래를 확인할 수 있다. 병합된 3개 기구는 육군 중앙경리단, 공군 중앙관리단, 해군 중앙경리단이다. 국군재정관리단이 자리한 이곳은 1957년 창설된 육군 중앙경리단이 있던 자리였다. 군시설이었기 때문에 지도에 표시되지 않고, 지명이나 길

이름으로 사용되지도 않았다. 대중교통 이용이 쉽지 않은 지역이었고, 한국말이 익숙하지 않은 외국인이 찾아오려면 택시 이용이 많았을 것이다. 택시를 타면 행선지를 말해야 했을 텐데 근처에 규모가 큰 시설 이름이 유용하지 않았을까? '시청 앞이요~'나 'ㅇㅇ백화점 앞이요'처럼 말이다. 택시에 오른 외국인이 '경~리~단~'이라고 말하면, 기사님이 '경리단! OK!'라고 답하는 모습을 상상하며, 경리단을 사직단이나 행단과 비슷한 '단'일거라고 생각한 내 경솔함에 웃음이 나왔다.

주차구획보다 좁은 폭 건물

육군 중앙경리단이 이곳 이태원동 518번지 일대에 자리를 잡으면서 남산자락의 경사지는 크게 절토되었다. 절토로 만들어진 높은 절벽 위에는 군시설의 보안을 위해 높은 담장이 세워지고 날카로운 철망이 올려졌다.

담장 너머에는 육군 중앙경리단 영내로 포함되지 못한 조각 땅이 생겼다. 바로 회나무로6길 20이다. 높은 담과 무서운 철조망이 옆에 있는 것도 부담스럽지만, 땅의 모양새가 문제였다. 바로 옆 노상주차장 주차구획과 크기를 비교해봐도 땅의 폭이 주차구획보다 좁다. 건물은 고사하고 주차하기도 힘든 좁은 폭이다. 이 땅에 건물이 들어선 것은 2015년이다. 그나마 폭이 조금 넓은 북쪽으로 출입구를 냈다. 일반적인 콘크리트 구조라면 벽 두께 때문에 실내공간은 사용할 수 없는 지경이 되었을 것이다. 그래서일까? 모든 벽면을 유리로 계획해서 벽이 차지하는 두께를 최소화 했다. 건물이 들어선 2015년은 경리단길이 핫플레이스로 부상하며 임대료와 건물가가 한참 상승하던 시점이었다. 경리단 부지 조성으로 조각난 땅이었는데, 경리단 이름이 붙

국군재정관리단 담장 넘어 보이는 유리 건물이 회나무로6길 20 건물이다.

은 상권이 활성화되면서 건축물이 들어선 것은 참으로 아이러니한 상황이다.

바로 옆에도 비슷한 모습의 땅이 있다. 녹사평대로46길 39(이태원동 324-3)도 국군재정관리단 높은 담장 밖에 있는 잘리고 남은 좁고 긴 땅의 낡은 건물이다. 건축물대장을 살펴보면 허가일과 착공일은 공란이고, 사용승인일만 1983년 9월 15일이라고 적혀있다. 2011년 변동사항으로 건축면적과 연면적이 '0'으로 되어 있던 것을 23.76㎡로 직권 변경했다는 기록이 있다. 미루어 짐작해보면 언제 어떻게 지어졌는지 알 수 없는 이 건물을 1983년에 건축물로 인정해준 것 같다. 그런데 건축

물은 있지만, 면적이 없으니 2011년에 관할부서의 직권으로 면적을 표기한 것 같다. 근본을 확인할 길이 없는 이 건물을 현재의 소유자가 매입한 시점이 2015년이라는 점이 흥미롭다. 1957년 육군 중앙경리단이 이태원동에 자리 잡으면서 그 경계에 잘려 쓸모를 못 찾던 조각 땅들이 전국적으로 경리단길 신드롬을 일으키던 2015년 같은 해에 한 곳에는 신축건물이 들어서고 다른 한 곳은 새 주인을 만난 것이다.

전국적인 신드롬을 일으켰던 경리단길이지만, 젠트리피케이션을 피할 수는 없었고, 2020년 이후 팬데믹으로 더 어려운 상황에 직면했다. 2015년 새 주인을 만난 낡은 건물은 아직까지 이렇다할 변화가 없다. 2015년 신축한 건물에서 영업을 시작했던 'i mean green'은 3년을 넘기지 못했고, 2018부터 한동안 비어 있었다. 다행히 2021년 여름 '산수목모모스 山水木 MOMOSS'라는 카페가 운영을 시작했다. 좁은 틈에서도 질긴 생명력으로 단단히 뿌리내리는 식물처럼 잘 자리 잡기를 바라본다.

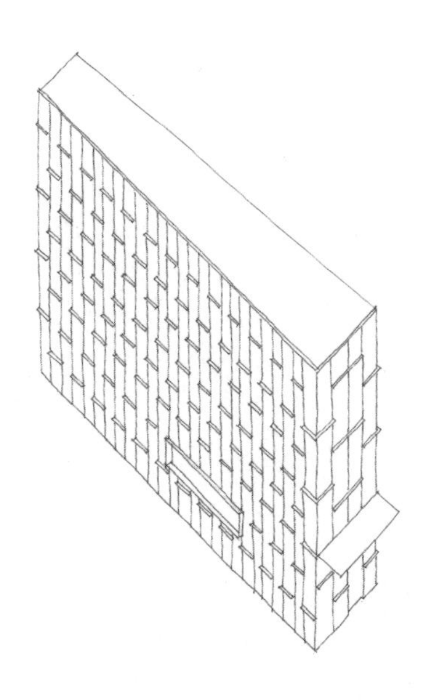

얘들아!
어디로
전학갔어?

강남구 영동대로 211
(대치동 994-14)

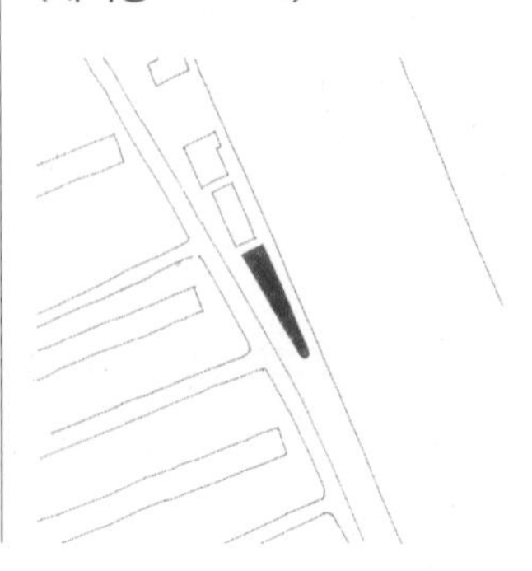

여름방학을 마치고 개학을 했다. 오랜만에 친구들을 볼 맘에 신이 나서 등교를 했는데, 친한 친구 셋 중 하나는 보이질 않았다. 교실은 한산했다. 옆 반도 상황은 마찬가지였다. 1980년대 과천의 초등학생 중 많은 학생이 고학년이 되면서 학교를 떠났다. 나는 기억나지 않지만 부모님 말씀에 따르면 어느 날 학교를 다녀온 내가 친구들이 모두 전학갔다면서 나도 친구들이 간 학교로 전학가고 싶다며 하소연을 했다고 한다. 그해 겨울방학에 나도 전학을 했다. 6학년을 새 학교에서 맞이했다. 누가 전학생인지 알 수 없는 상황에서 키 순서로 번호를 정하고 자리배치를 하고 나서야 내 앞에 앉은 친구와 뒤에 앉은 친구도 나처럼 겨울방학 때 전학왔다는 것을 알았다. 내 짝은 1년 전인 5학년 때 전학왔다고 했다. 그랬다, 우리는 모두 친구따라 강남으로 왔다.

영동키즈

우리 집은 영동시장을 지나 영동백화점 앞에 내린 뒤 언덕을 한참 내려가면 나타나는 영동차관아파트로 이사했다. 가까이에는 주현미의 "비 내리는 영동교" 노랫말에 나오는 '영동대교'가 있었다. 횡단보도 정지선을 지킨 시민에게 냉장고를 선물하는 이경규의 〈양심냉장고〉라는 프로그램이 있었는데, 촬영장소가 집 근처에 있는 영동대로였다. 고등학교는 영동고등학교에 배정받았다. 돌이켜보니 그때는 강남보다 영동이라는 표현을 더 흔하게 사용했던 것 같다. 강남구에서 오래된 이름에는 특히 '영동'이라는 표현이 많다. 그도 그럴 것이 강남구가 성동구에서 분구된 것이 1975년이었으니 '강남'은 얼마 되지 않은 이름이었다.

'강남'이라는 이름을 갖기 전에는 왜 영동이라고 했을까? 고등학교 시절 담임선생님께 들은 이야기는 이랬다. 선생님은 1972년 영동고등학교가 개교하면서 이 학교에 처음 출근하셨는데, 주변이 모두 허허벌판이었고 비가 오면 온통 진흙밭으로 변해서 우산은 없어도 되는데 장화 없이는 다닐 수가 없었다고 하셨다. 그리고 당시에는 영등포 쪽에서 버스나 차를 타야 올 수 있었는데, 영등포에서 동쪽으로 가야 나오는 동네라고 해서 영등포 동쪽, '영동'이라고 불렀다고 하셨다. 그 이야기를 들으며 무미건조한 재미없는 이름이라고 생각했던 기억이 난다. 그랬다. 나는 '영동키즈'였다.

중학교 때는 집에서도 가깝고 학교 바로 옆에 있는 강남도서관을 주로 이용했다. 고등학교 때는 활동 반경이 더 넓어졌다. 개포동, 대치동 쪽에서 버스를 타고 꽤 먼 거리를 등·하교하는 친구도 있었다. 개포도서관은 공부를 핑계로 그 친구들과 놀러가기 좋은 핫플레이스였다. 책가방은 일찌감치 잡아 놓은 도서관 자리에 두고, 우리는 농구공을 들고 도서관 근처 아파트단지를 돌아다녔다. 단번에 비어 있는 농구대를 만나면 운이 좋은 날이다. 내가 살던 영동고등학교 근처의 아파트단지에는 농구대가 거의 없었다. 학교 운동장의 농구대는 바닥이 흙이라 아껴 신는 농구화가 더럽혀지기 십상이었고 골대 아래는 거의 물이 고여 있었다. 개포도서관 주변의 농구대는 바닥이 시멘트 포장이거나 어떤 곳은 우레탄 바닥이었다. 은마아파트에도 농구코트가 있었다. 더운 여름, 토요일 오후였을 것이다. 농구공을 들고 그렇게 은마아파트를 처음 찾아갔다.

은마아파트와 영동대로 사이 얇은 필지

내 기억 속 은마아파트는 높은 판상형 아파트가 나선형으로 배치되고 농구코트가 있는 독특한 단지 모습으로 남아있다. 단지 전체에 담장을 둘렀기에 주변에서 드나들 수가 없었다. 그 시절에는 단지 밖에 무엇이 있는지 주변 환경이 어떤지, 어떤 건물이 있는지 나가 볼 수가 없었다. 지금은 그 반대 상황이다. 주민이 아니면 단지 안쪽으로 통과하거나 지나다니기 어렵다. 그래서일까? 학창시절에는 본 기억이 없는 얇은 모서리의 건물을 최근에 은마아파트 주변에서 발견하고 깜짝 놀랐다. 은마아파트 동쪽 담장 밖에 있는 날카로운 건물, 영동대로 211(대치동 994-14)이다. 학여울역사거리에서 잘 보이는데, 컨벤션센터가 있는 SETEC 전시장과 대각선으로 마주하고 있다. 구도심에서는 개발 과정에서 생긴 자투리 필지를 종종 보았는데, 새로 만든 도시에서 이런 좁고 얇은 필지와 건물이 있다는 것이 신기했다. 은마아파트처럼 큰 단지에서 단지 경계와 도로 사이에 이런 필지를 남겨둔 것이 의문이었다. 은마아파트와 영동대로 사이에 낀 영동대로 211에는 무슨 일이 있었을까? 학창시절 농구코트를 찾아가는 길은 농구코트가 사람이 많을지 사람이 없을지 알 수 없어 걱정 반 설렘 반이었는데, 지금 영동대로 211에 대한 궁금함에 어린 시절 설렘처럼 살짝 두근거렸다.

두 가지 가설을 설정해봤다. 첫 번째 가설은 은마아파트가 먼저 생기고 뒤이어 영동대로가 생기면서 그 사이에 좁은 필지가 만들어졌다는 것이고, 두 번째 가설은 은마아파트의 사업 범위를 정하면서 사업성에 도움이 되지 않는 영동대로변 필지를 배제했다는 것이다.

내가 세운 가설을 확인하기 위해 은마아파트와 영동대로의 건설 시기를 찾아봤다. 영동대로는 1973년에 만들어졌고 은마아파트는 1979년부터 입주했다. 접근 가능한 도로가 먼저 건설되고, 아파트단지가 만들어진다는 상식과 일치하는 결과였다. 그런데 영동대로는 규모

CCTV

도 크고 길이도 길었기 때문에 단번에 건설하지 못했을 것이고, 은마아파트의 주출입구와 접근 동선은 영동대로 쪽이 아니라 대치역이 있는 삼성로 쪽이다. 조금 더 상세한 분석이 필요했다. 오래지 않아 세부적이고 구체적인 정보와 물증을 확보할 수 있었다.

영동대로는 3단계로 나누어 건설되었다. 1973년 개통한 것은 맞지만 그때는 영동대교 남단에서 삼성역까지만이었다. 은마아파트는 삼성역부터 학여울역까지인 두 번째 개통구간에 해당했다. 이 구간은 1981년 개통되었다. 영동대로 211 토지대장의 토지 이력에도 주목할 만한 구체적 정보가 있다. 구획정리 시기가 1982년이다. 영동대로가 두 번째 구간을 개통한 이듬해이다. 문서 정보를 종합해보면 1979년 은마아파트가 입주했고 그 뒤인 1981년 영동대로가 단지 동쪽에 개통했다. 이후 은마아파트와 영동대로 사이가 구획 정리되면서 좁고 긴 필지들이 생겼다. 그런데 왜 이런 기형적인 필지가 만들어지도록 구획정리를 했을까?

논밭의 흔적

모든 것이 건설되기 전인 1977년도 학여울역사거리 주변의 항공사진에서 실마리를 찾을 수 있다. 항공사진에서는 경작지만 보이고 위치를 가늠할 건축물이 없지만, 양재천과 탄천이 만나는 부채꼴 모양의 SETEC 부지의 모습으로 학여울역사거리 위치를 짐작할 수 있다. 농경지 사이로 곧게 지나는 도로가 은마아파트단지 경계인 도로다. 입주를 시작한 1979년 사진에서 한창 마무리 공사중인 아파트단지 경계와 기존 도로가 일치하는 것을 확인했다. 이때 동쪽 경계 밖으로 살짝 어긋난 축으로 대규모 도로공사가 시작된 것이 보인다. 영동대로의 두 번

1977년 농경지 사이로 경계도로도로를 만들고 공사를 시작한 은마아파트는 1979년 입주를 시작한다.

영동대로의 은마아파트 구간이 1981년에 개통되고 영동대로 211 자리에는 1983년 건물이 들어선다. 하지만 이 건물은 20여 년 간 자리를 지키다가 철거되었다. 그 자리에는 2006년에 필지 모양을 잘 살린 건물이 신축되었다.

째 구간 공사 모습이다. 개통을 앞둔 1981년에는 지금처럼 포장을 마친 영동대로의 모습이 확인된다. 길 이름이 있었는지 알 수는 없지만, 양재천이 탄천에 합류하는 학여울 너른 농경지의 이름 모를 농로의 모습은 이렇게 은마아파트와 영동대로 사이에 얇고 날카로운 필지를 만들며 대치동에 새겨진다.

1982년에 구획정리가 되었다면, 내가 농구공을 튕기며 친구들과 은마아파트를 찾아왔을 때 지금의 건물도 있었을까? 건축물대장을 확인하니 아쉽게도 최근인 2006년에 신축된 건물이었다. 먼저 있었던 건물을 찾아보니, 항공사진에는 1983년부터 모습이 보이는데, 한창 개포도서관을 다니며 농구공을 들고 다니던 1993년 항공사진에 건물의 모습이 잘 담겨있다. 얇고 좁은 필지 안에서 건물 폭을 어느 정도 확보할 수 있는 부분에만 지었다. 옆에는 바늘처럼 점점 뾰족하게 만나는 땅 형태가 선명하다. 영동대로가 농경지와 하천을 매립해 지반을 높게 조성한 것을 보여주는 단서도 있다. 은마아파트와 영동대로 211 사이는 높이 차이가 크고, 사진에서도 그 차이가 확인된다. 불과 몇 년 차이를 두고 만들어진 아파트단지와 도로인데 이 정도 높이차가 생겼다는 것은 지형을 고려하지 못하고 도로와 택지를 급하게 만들었다는 반증이다.

아쉽게도 이 건물은 철거되고, 2006년 같은 자리에 새 건물이 들어선다. 이전보다 더 날카로운 모서리를 보여줘서 필지의 조건이 잘 드러난다. 신축공사가 마무리 단계에 들어간 2005년에 영동대교를 따라 일렬로 나열한 모습이 완성된다. 십여 동의 건물이 늘어선 모습은 마치 기차 같기도 하고 신호대기를 기다리며 줄선 차량 같기도 하다. 그 가운데에서도 맨 앞에서 날카로운 입면을 세우며, 은마아파트단지와 영동대로 사이를 가르고 있는 영동대로 211 건물은 긴 배의 뱃머리 같아 보인다. 이렇게 50년 전 논과 밭을 가로지르던 길의 흔적이 여기에 남아있다.

한편 '영동'이라는 이름은 갈수록 사라지는 느낌이다. 영동백화점은 20세기를 못 넘기고 사라졌다. 영동차관아파트는 재건축되었다. '영동차관아파트 앞'이었던 버스정류장 이름은 '힐스테이트 앞'으로 바뀌었다가 지금은 '삼성중앙역' 정류장으로 바뀌었다. 지금도 선생님이 학생들에게 영동이 영등포 동쪽이라는 의미라고 설명해주고 계신지는 모르겠지만, 영동이라는 표현은 이제 조금씩 잊혀지고 있는 것 같다. 그래서 영동대로 211이 보여주는 농경지 경계의 흔적이 더 반갑고 소중한지도 모르겠다.

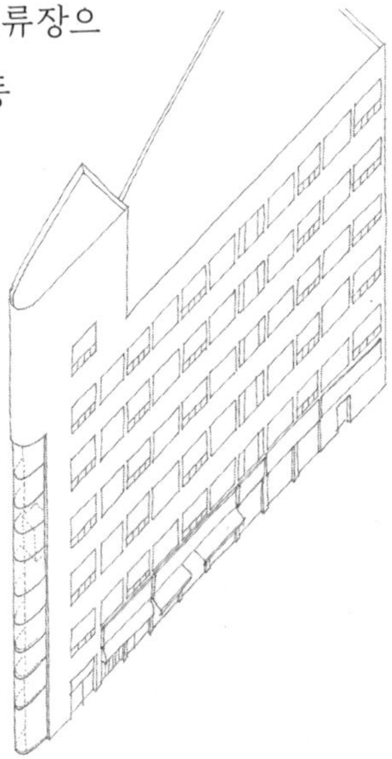

이런 땅에도 건물을 지을 수 있을까요? '뜨아'의 탄생

서초구 신반포로41길 11-7
(잠원동 47-2)

©이한울

"이런 땅에도 건물을 지을 수 있을까요?"

전화기 너머로 걱정스러운 목소리가 점점 작아지고 있었다. 토지주는 서울시가 소유하고 있던 땅을 공매로 구입했는데, 다수의 건축사 사무소에서 집을 지을 수 없다고 했다며 걱정이 이만저만이 아니었다. 지번을 확인하고 토지정보를 확인해보니 걱정할 만했다. 땅의 면적은 67.7㎡로 넓은 편은 아니지만 그렇다고 작지도 않아서 괜찮았다. 면적보다도 좁은 폭이 문제였다. 도로에 접한 부분이 2.5m가 채 안 되었는데, 안쪽으로 깊이가 20m 가까이 되었다. 극단적으로 폭은 좁고 깊이는 너무 길어서 난감한 상황이었다. 자동차 주차구획 크기가 2.3×5m 정도인데, 이 땅은 4개의 주차구획을 기차처럼 세로로 길게 늘어놓은 모양새였다. 처음에는 보기 좋고 그럴듯한 건축물은 고사하고, 사용할 만한 건축물을 설계할 수는 있을까? 걱정이 먼저 들었다. 그러면서도 특이한 땅 모양 때문에 이미 심장은 콩닥거리기 시작했고, 계단과 실을 어떻게 구성하면 좋을지 머릿속에서 그렸다 지웠다 하기 시작했다. 그런데 갑자기 '이런 땅에 지어진 건축물이 또 있을까?'라는 생각과 함께 '이 땅은 어쩌다가 이런 모습이 되었을까?' 호기심이 생겼다.

잠원동 얇은 집 3형제

처음 신반포로41길 11-7(잠원동 47-2)을 방문했을 때는 무더운 여름이었다. 지적도에서는 좁아 보이던 땅이었지만 현장에서는 20m의 긴 땅 옆에 나무가 울창한 녹지가 있어서 개방감이 커 보였다. 이 울창한 녹지에서는 매미 소리가 한창이었고, 푸른 나뭇잎 사이로 경부고속도로의 방음벽이 보였다. 그랬다. 이 땅은 도심주거지역을 통과하는 경부고속도로의 완충녹지에 접해있었다. 완충녹지는 30m 정도 폭으로 경

경부고속도로 완충녹지를 조성하고 남은 조각 땅 세 필지는 1986년 구획정리되고 1987년에 필지분할이 되었다.

부고속도로를 따라 길게 이어지고 있었다. 신반포로41길 11-7은 경부고속도로 완충녹지를 조성하며 남은 조각 땅이었다. 고속도로와 나란하게 조성된 완충녹지를 보니 완충녹지 옆에 비슷한 땅이 또 있지 않을까? 생각했다. 도로시가 노란 길을 따라 오즈의 마법사를 찾아가듯 나는 어느새 완충녹지를 따라 걸으며 주변을 살피고 있었다. 예상을 확인하는 데는 불과 십여 분밖에 걸리지 않았다. 신반포로41길 11-7보다 폭은 좀 더 넓었지만, 완충녹지를 길게 접하고 있는 얇고 긴 건물이 보였다. 형제처럼 닮은 신반포로45길 90(잠원동 17-9)이다. 또 하나의 형제 같은 땅은 강남대로101안길 44(잠원동 10-35)이다.

완충녹지에 접하고 길게 잘린 땅이 더 있을 수도 있겠다는 느낌만으로 찾기 시작했는데, 완충녹지를 따라 비슷하게 생긴 땅을 찾고 보니 이들이 언제 생겼는지 궁금해졌다. 그래서 이 세 필지의 토지 이력을 열람했다. 세 필지의 이력을 비교해보니 모두 한날한시에 탄생한

땅이었다. 우연히 닮은 정도가 아니라 모두 형제였다. 세 필지는 모두 1986년에 구획정리가 되었고, 모두 1987년에 필지분할이 되었다. 경부고속도로와 완충녹지의 DNA가 1986년에 이 삼형제에게 이식되었고, 2005년과 2013년에 닮은 꼴 건축물로 싹을 틔운 것이었다. 그래서 나 혼자만이라도 '잠원동 얇은 집 3형제'라고 불러 주기로 했다.

형제를 찾았으니 내친김에 부모라고 할 수 있는 경부고속도로와 완충녹지의 탄생도 확인해보자. 1972년 항공사진에는 잠원동을 가로지르는 경부고속도로가 보이고 주변은 황량하기만하다. 이렇게 논밭이던 강남땅 위에 1969년 크리스마스에 경부고속도로가 개통되었다. 신사역 사거리와 논현역 사거리 주변으로 강남대로와 도산대로, 논현로 같은 도로가 포장되자 한남대교를 넘어온 자동차들이 거리를 달리기 시작했고, 1970년대와 1980년대를 거치면서 고속도로 동쪽에는 단독주택, 고속도로 서쪽에는 아파트가 빼곡하게 들어선다. 잠원동 지역

신반포로41길 11-7과 경부고속도로 방음벽 사이의 완충녹지

은 1970년에는 건물을 찾아보기 힘든 지역이었는데, 1990년대에는 건물 없는 빈 땅을 찾기가 어려워졌다. 불과 20년이다. 1990년대 들어서면 초기에 지어진 단독주택들이 하나씩 둘씩 다세대주택으로 재건축되거나 소규모 상가건물로 재건축되기 시작하는데, 이 시기에 3형제 건축물이 있는 고속도로 동쪽 완충녹지가 조성되기 시작한다. 그전까지 주차장이나 폐기물을 쌓아두던 용도의 나대지였는데, 가지런하게 나무가 식재된 모습을 1993년 항공사진에서 확인할 수 있었다. 가까이 가기 꺼려지던 고속도로 옆이 완충녹지로 가꿔지고 숲이 생기자 버려졌던 3형제 땅에도 건물이 들어설 만해졌다. 2005년에 그나마 폭이 넓은 신반포로45길 90이 첫 번째로 공사를 마치고 사용승인을 얻었다. 8년 터울로 강남대로101안길 44에 더 얇은 둘째가 사용승인을 얻는다. 첫째보다 폭도 좁고, 둘째처럼 도로를 길게 접하지도 못했던 신반포로41길 11-7은 가장 어려운 조건의 땅이었다.

맏이: 신반포로45길 90

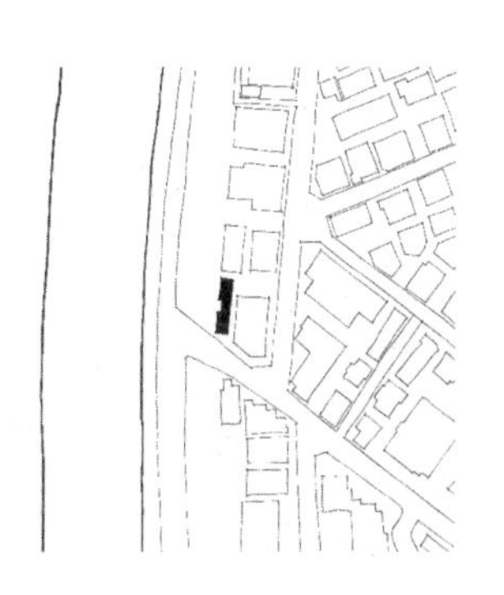

신반포로45길 90은 우리가 설계 의뢰를 받은 땅과 비교하면 상황이 그나마 좋아 보였다. 도로에서 안쪽으로 들어가는 깊이는 비슷했지만, 도로에 접한 짧은 쪽이 5m가 조금 넘어 보였다. 일반적인 상황이라면 5~6m 폭도 좁은 경우지만, 2.5m 내외인 땅에 설계해야 하는 입장에서 이 정도도 폭이 넓어 보여서 부러웠다. 신반포로45길 90의 건축물 용도는 다세대주택(4세대)이다. 외관으로 주차장과 출입구 위치 그리고 계단실 구성을 살

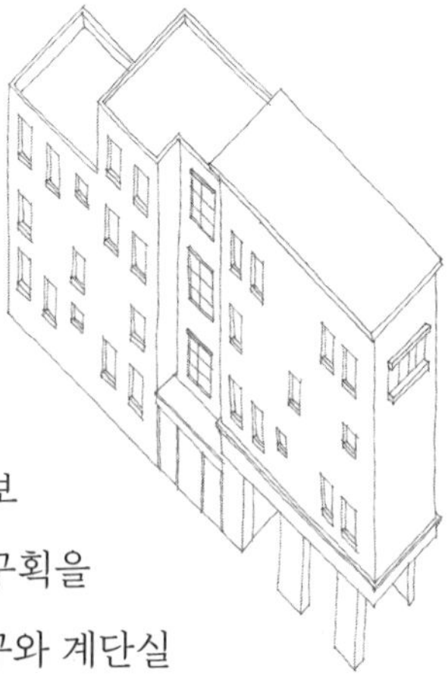

펴보고 건축물대장의 면적표와 비교해보니 설계자의 처절한 심정이 읽혔다. 머릿속으로 이 건축물을 설계한 건축가 입장에서 계획을 하나씩 되짚어본다. 자동차는 도로에서 들어와야 하니 도로 쪽에 붙여 주차장을 만들 수밖에 없었겠다. 땅의 폭이 좁다 보니 주차구획을 세로로 길게 붙여서 4개의 주차구획을 만들어야 했을 것이다. 어쩔 수 없이 공동 출입구와 계단실은 주차장 뒤에 자리 잡았다. 출입구가 도로에서 안쪽으로 깊게 위치해서 동선이 길어졌지만, 완충녹지 옆을 따라 길게 걸어 들어가는 진입로는 나쁘지 않다며 스스로 위안 삼았을 것 같다. 이렇게 해서 계단실이 땅의 중앙에 배치되었다. 땅 모양 때문에 길쭉해진 건물은 계단이 중앙에 위치하며 내부 공간이 양쪽으로 분리되어 버렸다. 그래서 한 층에서는 일정 면적 이상을 확보하기 어려웠다. 건축가는 1층과 2층에 작은 세대인 101호와 201호를 구성하고, 202호와 301호를 복층으로 구성하는 묘수를 생각한 것 같다. 202호는 201호와 같이 2층에 현관을 갖고 있지만, 201호와 달리 3층 일부를 복층으로 사용한다. 3층에서 단독 현관으로 출입하는 301호도 4층까지 복층으로 구성된다. 게다가 4층은 계단실 윗부분까지 넓게 사용해서 202호보다 더 넓은 전용 면적을 확보했다. 아쉬운 부분도 있지만, 101호부터 301호까지 모든 세대가 완충녹지를 향해 넓게 열린 효과적인 계획이다. 규모와 여건이 우리보다 여유가 있었다고는 하지만, 이렇게 폭이 좁은 땅에서도 복층 구성을 활용해 필요한 면적을 확보하며 4세대를 구성한 것을 보며 용기를 얻었다.

기성 자동차
손세차·판금도색
광택·실내 크리닝
T.511-8980
COFFEE GALOO

둘째: 강남대로101안길 44

토지면적은 80.02㎡여서 신반포로41길 11-7보다 조금 컸지만, 폭은 더 좁고 길이가 더 길었다. 땅의 모양만으로는 더 극단적으로 얇고 긴 땅이었다. 차이점이 있다면 이 땅과 완충녹지 사이에 작은 도로가 있다는 점이다. 작은 도로가 있고 없고는 작은 차이처럼 보이지만, 이렇게 폭이 좁은 땅에서는 건축물 계획에 큰 영향을 준다. 도로가 없었다면, 양쪽 대지경계에서 각각 반미터씩 이격해야 했을지도 모르는데, 도로가 있는 쪽 대지경계선에 딱 붙여서 건물을 계획할 수 있기 때문이다. 그 결과 강남대로101안길 44에서는 좁은 땅의 폭을 최대한 활용할 수 있었다. 단점은 측면의 건물 출입구가 도로와 여유 공간 없이 바튼 것이다. 문을 열면 바로 도로다. 그래서 앞선 신반포로45길 90처럼 완충녹지의 푸른 숲 옆을 걷는 낭만은 없다. 하지만 1cm가 아쉬운 이 좁은 땅에서 몇 센티미터라도 더 확보할 수 있었으니 크게 감사할 일 아닌가. 도로에 접한 상황은 용도에도 영향을 준 것 같다. 복합 용도인 이 건축물에서 근린생활시설이 많은 비중을 차지한다. 모서리 쪽 개방된 공간에는 6.82㎡ 크기의 자동차관련시설(세차장)이 있고, 1층과 2층에 휴게음식점이 25.57㎡ 규모로 있다. 그리고 2층 일부에 28.88㎡ 규모의 사무실도 있다. 3층에는 토지주의 거주 용도로 추정하는 단독주택이 옥탑을 포함해서 50.75㎡로 계획되었다. 좁은 폭의 작은 땅을 오밀조밀 알차게도 채워 넣었다. 땅의 형태적 조건과 접한 도로 상황에 맞춰서 근린생활시설과 단독주택을 복합 구성했는데 거주와 경제활동을 함께 할 수 있으니 황두진 건축가의 표현을 빌자면 '초소형 무지개떡 건

©이한울

축'인 셈이다.

막내: 얇디얇은 집

첫 번째 토지주의 설계 의뢰로 어렵사리 설계하고 건축허가 접수를 하자 구청에서 전화가 걸려 왔다. 건축법에는 문제가 없지만, 정말 이런 설계로 허가를 받을 것인지 확인하는 전화였다. 실내 폭이 1.5m도 안 되는 부분이 있는데, 허가를 내준들 공사는 어찌할 것이며, 공사를 마치더라도 사람이 살 수 있겠느냐고 걱정하는 내용이었다. 생각하지 못한 부분에서 법적인 제한이 있을지 걱정했는데, 도리어 토지주를 걱정해주는 친절한 허가권자였다. 오히려 허가보다 공사비가 문제였다. 같은 면적이더라도 넓은 1층이면 쉽고 경제적인데, 3개 층으로 나뉘어 공정이 많아지고 공사 기간이 더 필요했다. 폭이 좁은 현장 상황으로 같은 작업도 시간이 더 필요할 것이 예상되면서 몇몇 시공사는 가격 제안을 포기했다. 그나마 제안한 시공사의 금액도 상당히 높았다. 결국 첫 번째 토지주는 착공을 미루고, 토지 매도를 결정했다.

1년 뒤 이 땅을 매입한 두 번째 토지주에게 전화가 왔다. 땅만 봤을 때는 건물을 지을 수 없겠다고 생각했는데, 건축허가를 이미 받은 설계가 있어서 토지를 매입했다면서 설계한 건축사사무실을 찾은 것이다. 허가를 승인한 구청의 공무원처럼 새 토지주가 걱정이 된 나는 가장 좁은 부분을 테이프를 사용해서 1:1 크기로 사무실 바닥에 표시

했다. '정말 이 정도 폭의 공간에서 살 수 있으시겠어요?'라는 물음에 두 번째 토지주는 조용히 고개를 끄덕였고, 공사가 시작되었다. 막내라고 할 수 있는 신반포로41길 11-7은 2017년 사용승인이 완료되었다. 이 얇은 건축물에 우리는 "얇디얇은 집"이라는 이름을 붙여줬다. 얇디얇은 집은 2018년 서초건축상과 2019년 서울시건축상을 수상했다. 그리고 얇디얇은 집처럼 조각난 땅에 세워진 건축물이나 잘리고 남은 부분을 추슬러 사용하는 건축물을 찾기 시작했다. 영화 〈X맨〉 시리즈의 자비에 박사가 뮤턴트들을 찾아나서는 기분이 들었다. 모두 안 된다고 하는 악조건에서 매순간 불꽃 튀는 어려운 상황을 거치면서 완성된 뜨거운 건축이었다. 뜨거운 아키텍처(건축), '뜨아'는 이렇게 시작되었다.

책에 소개한 얇은 집

0 2 4 6 8 10 km

● 옛길의 흔적

1 필운대로 35(누하동 191)

2 수색로 260-1(수색동 369-1)

3 새문안로5길 7-1(당주동 37-3)
새문안로5길 14-1(당주동 44-3)

4 만리재로35길 47-1(중림동 332)

5 독막로 107(상수동 140-3)
독막로 104(상수동 153-4)
독막로 67(상수동 317-6)
독막로 61(상수동 318-5)
독막로 62(상수동 319-1)
독막로 70(상수동 323-1)
와우산로 24(상수동 330-12)

6 돈화문로11길 9(돈의동 62)
서순라길 21(봉익동 60)

7 천호옛길 98(성내동 50-5)
천호대로158길 14(성내동 50-25)
천호옛14길 14(성내동 33-1)

● 도로가 남긴 상처

1 자하문로 97(신교동 82-3)
자하문로 31(통인동 147-10)
자한문로 2(적선동 106-3)

2 자하문로 249(부암동 159)

3 사직로 127(적선동 93-4)

4 세종대로 27(봉래동1가 104-1)

5 퇴계로 453(황학동 2475)

● 택지개발의 흔적이 남은 자투리땅

1 율곡로 225(이화동 98-3)
율곡로 248(충신동 33-11)
율곡로 241(충신동 55-5)
율곡로 233(충신동 53-1)
율곡로 231(이화동 97-6)

2 동호로 165(신당동 372-44)

3 북촌로137(삼청동 27-10)
북촌로141(삼청동 27-14)

4 수색로 342(수색동 315-1)

5 효창원로 146(효창동 5-508)
백범로 284(효창동 243-1)

● 물길의 흔적

1 율곡로19길 7(충신동 53-1)
율곡로19길 9(충신동 50)
율곡로19길 9-1(충신동 51)
율곡로19길 4(충신동 53-8)

2 성균관로1길 6-6(명륜3가 148-1)
대명길 45(명륜4가 183)
대학로11길 51(명륜4가 185)

3 두텁바위로 5(갈월동59-8)
청파로45길 4(청파동3가 24-6)
청파로 277(청파동3가 22-2)
통일로 181(영천동 336 외)

4 은평로 85(응암동 91-8)

5 한남대로21길 27(한남동 78)
대사관로30길 23(한남동 631-5)
한림말길 41-5(옥수동 196-1)

6 월드컵북로 12(동교동 206-14)
월드컵북로8길 3(연남동 487-391)

7 도봉로10길 34(미아동 860-163)
도봉로8길 58(미아동 860-43)

● 큰 시설의 경계에 남은 땅

1 퇴계로 34(남창동 236-12)

2 통일로12길 108-2(행촌동 210-25
인왕산로1가길 19-3(행촌동 171-171)

3 장문로 1(이태원동 34-105)

4 회나무로6길 20(이태원동 293-13)

5 영동대로 211(대치동 994-14)

6 신반포로45길 90(잠원동 17-9)
강남대로101안길 44(잠원동 10-
신반포로41길 11-7(잠원동 47-2)